| 美丽的地球 |
Timeless Earth

国家公园

The
Great National Parks
of the
World

[意] 安吉拉·艾朵斯　邸皓 等 著
杨林玉 译

CNS 湖南科学技术出版社·长沙

图书在版编目（CIP）数据

美丽的地球．国家公园 /（意）安吉拉·艾朵斯，邸皓等著；杨林玉译．-- 长沙：湖南科学技术出版社，2025. 4. -- ISBN 978-7-5710-2584-7

Ⅰ. P941-49

中国国家版本馆 CIP 数据核字第 20256Z773C 号

著作版权登记号：18-2024-272

GUOJIA GONGYUAN

国家公园

著　　者：[意] 安吉拉 · 艾朵斯　邸　皓 等
译　　者：杨林玉
出 版 人：潘晓山
总 策 划：陈沂欢
策划编辑：董佳佳　邢晓琳
责任编辑：李文瑶
特约编辑：董　倪
版权编辑：刘雅娟
地图编辑：程　远　彭　聪
责任美编：彭怡轩
图片编辑：李晓峰
营销编辑：王思宇　魏慧捷
装帧设计：別境Lab
特约印制：焦文献
制　　版：北京美光设计制版有限公司
出版发行：湖南科学技术出版社
地　　址：长沙市开福区泊富国际金融中心 40 楼
网　　址：http://www.hnstp.com
湖南科学技术出版社天猫旗舰店网址：
http://hnkjcbs.tmall.com
邮购联系：本社直销科 0731-84375808
印　　刷：北京华联印刷有限公司
版　　次：2025 年 4 月第 1 版
印　　次：2025 年 4 月第 1 次印刷
开　　本：710 mm × 1000 mm　1/16
印　　张：21　　字　　数：450 千字
书　　号：ISBN 978-7-5710-2584-7
审 图 号：GS 京（2025）0200 号
定　　价：98.00 元

雄浑有力的狮吼可以让雄狮确认自己在领地范围内的霸权，防止敌人入侵。当它的吼声在稀树草原回荡时，大家都知道，它才是至高无上的王。

在美国金斯峡谷国家公园，暴风雨刚刚洗净了天空，天气已经转晴。沿着以美国自然保护先驱约翰·缪尔的名字命名的著名山路前行，进化群峰在夕阳的余晖下显得色彩迷人。

色彩鲜艳的鱼群悠游在柳珊瑚和八放珊瑚（一类特别的软珊瑚）周围。对那些热衷于水肺潜水的人来说，热带海洋保护区为他们提供了在有限的深度内近距离观察海底世界的机会。

在美国俄勒冈州南部，茂密植物的掩映下，一只雌性黑尾鹿正在照顾幼崽。尽管小鹿在出生后很快就可以四处走动，但它们仍需要细致的照顾。

目录 Contents

序言 1

| 第一章 | ASIA

亚洲

三江源国家公园 16
——中国
大熊猫国家公园 22
——中国
东北虎豹国家公园 28
——中国
海南热带雨林国家公园 30
——中国
武夷山国家公园 32
——中国
穆罕默德角国家公园 34
——埃及
伦滕波尔国家公园 42
——印度
科比特国家公园 46
——印度
奇特旺国家公园 50
——尼泊尔
萨加玛塔国家公园 54
——尼泊尔
上信越高原国家公园 58
——日本
科莫多国家公园 62
——印度尼西亚
丹浓谷保护区 68
——马来西亚

| 第二章 | EUROPE

欧洲

阿比斯库国家公园 76
——瑞典
塔特拉国家公园 80
——波兰 斯洛伐克
瓦登海国家公园 84
——德国
拜恩林山国家公园 88
——德国
湖区国家公园 94
——英国
克罗港岛国家公园 98
——法国
瓦努瓦斯国家公园 102
——法国
塞文山脉国家公园 106
——法国

瑞士国家公园 108

——瑞士

大帕拉迪索国家公园 112

——意大利

阿布鲁佐国家公园 118

——意大利

多尼亚那国家公园 124

——西班牙

| 第三章 | AFRICA

非洲

马哈尔山国家公园 134

——坦桑尼亚

恩戈罗恩戈罗保护区 138

——坦桑尼亚

塞伦盖蒂国家公园与马萨伊马拉国家自然保护区 144

——坦桑尼亚　肯尼亚

察沃与安博塞利国家公园 156

——肯尼亚

维龙加国家公园 162

——刚果（金）

埃托沙国家公园 166

——纳米比亚

莫雷米禁猎区与乔贝国家公园 170

——博茨瓦纳

克鲁格国家公园 174

——南非

卡拉哈迪跨境公园 178

——博茨瓦纳　南非

阿尔达布拉环礁 182

——塞舌尔

| 第四章 | OCEANIA

大洋洲

大堡礁海洋公园 190

——澳大利亚

卡卡杜国家公园 196

——澳大利亚

乌卢鲁-卡塔丘塔国家公园 202

——澳大利亚

拉明顿国家公园 208

——澳大利亚

卡里基尼国家公园 212

——澳大利亚

库克山国家公园 216

——新西兰

夏威夷火山国家公园 222

——美国

第五章　NORTH AMERICA

北美洲

迪纳利国家公园和自然保护区　234
——美国
班夫与贾斯珀国家公园　240
——加拿大
黄石国家公园　246
——美国
约塞米蒂国家公园　254
——美国
大峡谷国家公园　260
——美国
布赖斯峡谷国家公园　264
——美国
大沼泽地国家公园　268
——美国

第六章　SOUTH AMERICA

南美洲

科科岛国家公园　280
——哥斯达黎加
卡奈马国家公园　284
——委内瑞拉
加拉帕戈斯群岛国家公园　288
——厄瓜多尔
潘塔纳尔马托格罗索国家公园　296
——巴西
伊瓜苏国家公园　302
——阿根廷　巴西
阿根廷冰川国家公园　306
——阿根廷
百内国家公园　310
——智利

地理名词中外对照表　316
人名中外对照表　322
作者名录及供图说明　324

Piv 上

纳米比亚的埃托沙国家公园距离大西洋不远，却有着典型的沙漠环境。细细的沙子堆积成沙丘，这里生活着许多令人意想不到的动植物。其中许多是本土特有种。

Piv 下左

坐落在非洲平原上的坦桑尼亚塞伦盖蒂国家公园里，旭日好像点燃了金合欢树的扁平枝冠。新的一天开始了，但黎明前的夜晚并非平安无事。

Piv 下右

在肯尼亚马萨伊马拉，一群角马朝着地平线进行着它们的年度大迁徙。在漫长的旅途中，出生和死亡会无休止地交替轮回。

序言 Introduction

早在1872年美国黄石国家公园成立时，“国家公园”这一说法就已经出现，因此这早已不是什么新概念了。那么，为什么时至今日我们还要出一本有关这个主题的书呢？理由有很多。

长久以来，建立保护区往往意味着将某一部分土地“圈起来”并留给后代子孙，但其周遭地带却被过度开发和破坏，以至于遭受到无法弥补的破坏。进入21世纪后，人们的观念发生了改变。保护意味着管理、欣赏和复原。建立保护区并不是为了把这个世界往昔的模样塞进记忆的阁楼里，让它随着时间消逝；相反地，是要充分地、有建设性地发挥人类特有的、不可思议的能力，为环境保护尽一份心力。

这个世界上仍然有未被开发的地方。我们仍然有机会在热带雨林中流连，在茫茫沙漠上漫步，攀登上最高的山峰（有些险峰至今无人登临），或者悠游徜徉于珊瑚礁之间。这并不是因为我们无法抵达那里，而是我们已经意识到，有些地方是无法被替代的，它们必须被保护。于是，国家公园、自然保护区以及各种类型的和重要层级的保护地应运而生。国家公园的设立往往是为了保护自然中的某一种特别景观，例如一种罕见的地质现象、一个濒临灭绝的动物物种，甚至仅仅是一处格外迷人的景观。但是，诸如此类的每一种独特景观都不是孤立存在的，一片真正需要保护的地区往往都比保护区原先所圈定的狭小范围大得多。设立保护区的理由虽各不相同，但有一点是一致的：那些保护区的设立者们往往最初是发现了某一区域的生物多样性和独特性，而在人类与环境的互动过程中，这些多样性必须被保留。

一片森林、一个流域、一段海岸，甚至人类本身都不是封闭的或个体间彼此孤立存在的。一滴水因太阳照射而蒸发，从海面或树叶上升入空中，飘至数百千米外，成为一片雪花飘落下来，尔后在高山冰川中封冻数个世纪；冰川消融后形成的水流，供给数十千米外的獐子饮用，然后獐子又成为猞猁的一顿美餐，而猞猁会用它的尿液圈定领地，因此尿浇湿了树根；这湿气会促使蘑菇生长，蘑菇散播孢子之后，便会迅速腐化分解……这种无休止的循环也存在于我们的日常生活中。生态学是研究生态系统各组分之间关系的学科。这是一门“年轻”的学科，仍有漫长的路要走，但是它的一个基本观点已经非常明确：没有任何事物能够独立于其他事物而存在。

在人烟稀少或人迹罕至的地方，自然环境的内在价值又增添了一重——世界上仍有一些区域可界定为未被污染、未被开垦、未被破坏的，这无形中满足了人类某种难以言表的内心渴求。我们必须知道，这些区域确实存在，并非所有的一切都已被人类开拓、利用或者改变。换句话说，这个世界比我们以为的世界要大得多。

国家公园和保护区并非总是建立在净土之上。事实上，在保护区周边甚至保护区内部（尤其是在欧洲），往往有人类定居并从事经济活动。在许多情况下，公园的真正架构并不仅仅是预想了一个所有措施都能奏效的完全保护区，还设想了一个受到局部保护的缓冲区。在缓冲区里，人类试图协调环境保护和人类活动之间的关系，尤其是当这些活动能充分体现当地的传统时。此外，许多公园肩负着支持、保护当地文化遗产的重任，其中也包括家畜饲养等活动。几个世纪以来，这些活动对本地区的地貌形成的作用不可小觑，总体上影响了植被的分布和类型。许多受保护的区域实际上是嵌在较大的保护区里的一块小生境，依照地区特性，每个保护区各自有着保护特定景观环境的任务。

还有一些同等重要的其他要素能为保护区增添价值。首先是其衍生出的旅游观光价值：一个高效的公园通常有专门用于接待游客并向他们提供信息的设施；也有相应的住宿设施，从不同等级的旅馆到简单朴实的山间小屋；有参观主要景点的小径或其他交通方式；有动物观赏区、植物园、博物馆等景点；还有负责管理园区和陪同观光客的工作人员。在许多拥有悠久环保传统的国家，每年游览国家公园的游客人数经常超过该国的人口总数。以日本为例，每年到国家公园游览

的人数几乎是日本人口总数的3倍。

然而即便是最著名、最热门的保护区，观光与保护之间的冲突也屡见不鲜。这无疑是公园管理者不得不面对的问题之一，但同时也证实了，一个管理良好的保护区可以成为经济发展的机遇，而旅游带来的部分收入也可以用于实施保护措施。

基于自然主义框架下的科学研究是了解环境变迁所不可或缺的，这也是能在保护区中有效施行的另一项活动，体现出了保护区的科研价值，科学研究的结果同时也是管理保护区所必需的重要数据来源。

本书的每一章节都对应着一个特定的大洲，所选择的都是该区域内最具有代表性的保护区。基于自然和文化遗产的重要性往往超越了单个国家边界，1972年，联合国教科文组织（UNESCO）的150个成员国（现有195个成员国）通过了《保护世界文化和自然遗产公约》，即常说的《世界遗产公约》，其中列举出了那些特别突出的、足以见证地球历史特定时期的自然区域、具有生态学和生物学方面重要意义的区域，或者包含独特自然景观、异常美丽的地方和对生物多样性的保存特别重要的环境。本书所呈现的许多属于国家公园保护的区域，都在《世界遗产公约》的名录之列。

正如坠入爱河总是从不经意的一瞥（即使往往都非常短暂）开始，同样，想要真正爱上我们的地球，就一定要让自己陶醉在这本书呈现的绚丽景象之中，它们代表了这个世界上最可爱、最原始的地方。

P2-3
夕阳的余晖将澳大利亚乌卢鲁-卡塔丘塔国家公园内的欧加斯山脉装点得色彩绚丽。这是一种怀着期盼等待这一时刻到来而产生的美感，也是大自然在展露它的细节时惊现的美。

P3
在上瓦农泰，苦难冰河肆无忌惮地展现它的粗犷之美。对于大帕拉迪索国家公园（欧洲最重要的保护区之一）而言，阿尔卑斯山的美景是它的显著标志。

P4 上

许多物种依赖于国家公园的设立才得以生存，阿尔卑斯山羊就是个典型的例子。意大利的大帕拉迪索国家公园把它作为公园的象征。

P4 中左

在欧洲的许多濒临灭绝的食肉动物当中，猞猁是最美丽且最难捉摸的动物之一，只有少数人才能有幸在其栖息地一睹它的芳容，它的存在也丰富了我们的视野。

P4 中右

羚羊仍能在野外自由奔跑，归功于人类对山地有蹄类动物采取的行之有效的保护措施。先前，它们不断从许多地区消失，而现在，这些欧洲大型食草动物的数量已经连续多年迅速增长。

P4 下

冬天里，一只赤狐在它那积雪的地盘上巡逻。每只赤狐都需要拥有一块不小的地盘，哪怕环境严酷，赤狐也会忠实地守护和巡视。

P5 上

白沙国家保护区位于美国新墨西哥州，那里气候干旱，粉状白垩土堆积成的沙丘占据了整个区域，更像是一处被积雪覆盖的风景。

P5 下

两亿年前，在今天的美国亚利桑那州石化林国家保护区内，一个河流网在此汇合。河道侵蚀和气候变化把平原改造成了连绵不断的色彩斑斓的山丘。

1 [中国]三江源国家公园
2 [中国]大熊猫国家公园
3 [中国]东北虎豹国家公园
4 [中国]海南热带雨林国家公园
5 [中国]武夷山国家公园
6 [埃及]穆罕默德角国家公园
7 [印度]伦滕波尔国家公园
8 [印度]科比特国家公园
9 [尼泊尔]奇特旺国家公园
10 [尼泊尔]萨加玛塔国家公园
11 [日本]上信越高原国家公园
12 [印度尼西亚]科莫多国家公园
13 [马来西亚]丹浓谷保护区
14 [瑞典]阿比斯库国家公园
15 [波兰　斯洛伐克]塔特拉国家公园
16 [德国]瓦登海国家公园
17 [德国]拜恩林山国家公园
18 [英国]湖区国家公园
19 [法国]克罗港岛国家公园
20 [法国]瓦努瓦斯国家公园
21 [法国]塞文山脉国家公园
22 [瑞士]瑞士国家公园
23 [意大利]大帕拉迪索国家公园
24 [意大利]阿布鲁佐国家公园
25 [西班牙]多尼亚那国家公园
26 [坦桑尼亚]马哈尔山国家公园
27 [坦桑尼亚]恩戈罗恩戈罗保护区
28 [坦桑尼亚　肯尼亚]塞伦盖蒂国家公园与马萨伊马拉国家自然保护区
29 [肯尼亚]察沃与安博塞利国家公园
30 [刚果（金）]维龙加国家公园
31 [纳米比亚]埃托沙国家公园
32 [博茨瓦纳]莫雷米禁猎区与乔贝国家公园
33 [南非]克鲁格国家公园
34 [博茨瓦纳　南非]卡拉哈迪跨境公园
35 [塞舌尔]阿尔达布拉环礁
36 [澳大利亚]大堡礁海洋公园
37 [澳大利亚]卡卡杜国家公园
38 [澳大利亚]乌卢鲁-卡塔丘塔国家公园
39 [澳大利亚]拉明顿国家公园
40 [澳大利亚]卡里基尼国家公园
41 [新西兰]库克山国家公园
42 [美国]夏威夷火山国家公园
43 [美国]迪纳利国家公园和自然保护区
44 [加拿大]班夫与贾斯珀国家公园
45 [美国]黄石国家公园
46 [美国]约塞米蒂国家公园
47 [美国]大峡谷国家公园
48 [美国]布赖斯峡谷国家公园
49 [美国]大沼泽地国家公园
50 [哥斯达黎加]科科岛国家公园
51 [委内瑞拉]卡奈马国家公园
52 [厄瓜多尔]加拉帕戈斯群岛国家公园
53 [巴西]潘塔纳尔马托格罗索国家公园
54 [阿根廷　巴西]伊瓜苏国家公园
55 [阿根廷]阿根廷冰川国家公园
56 [智利]百内国家公园

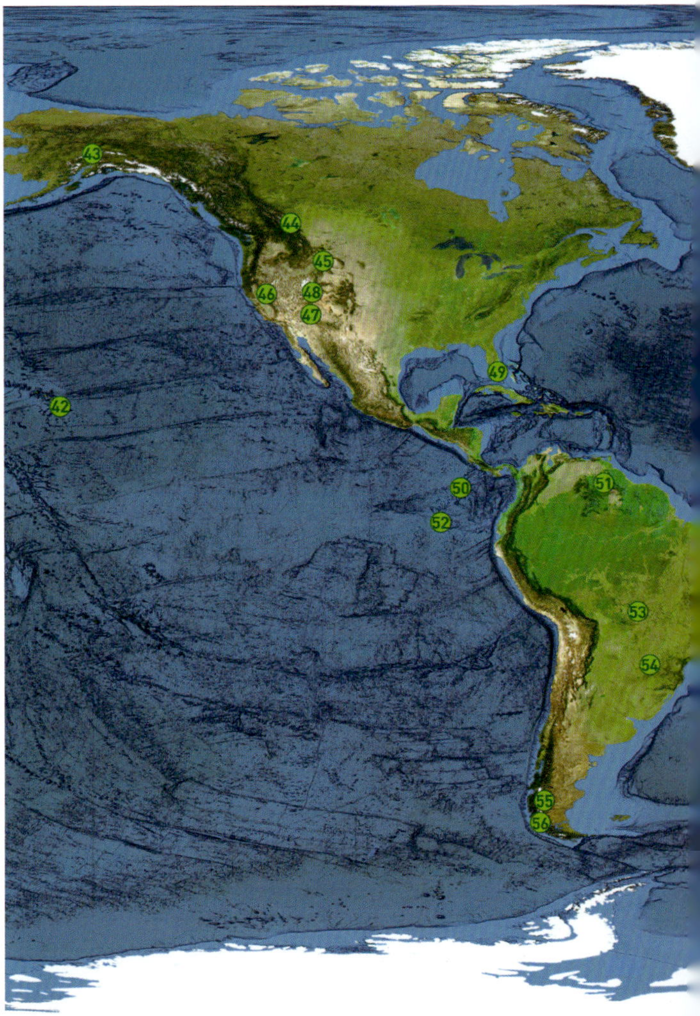

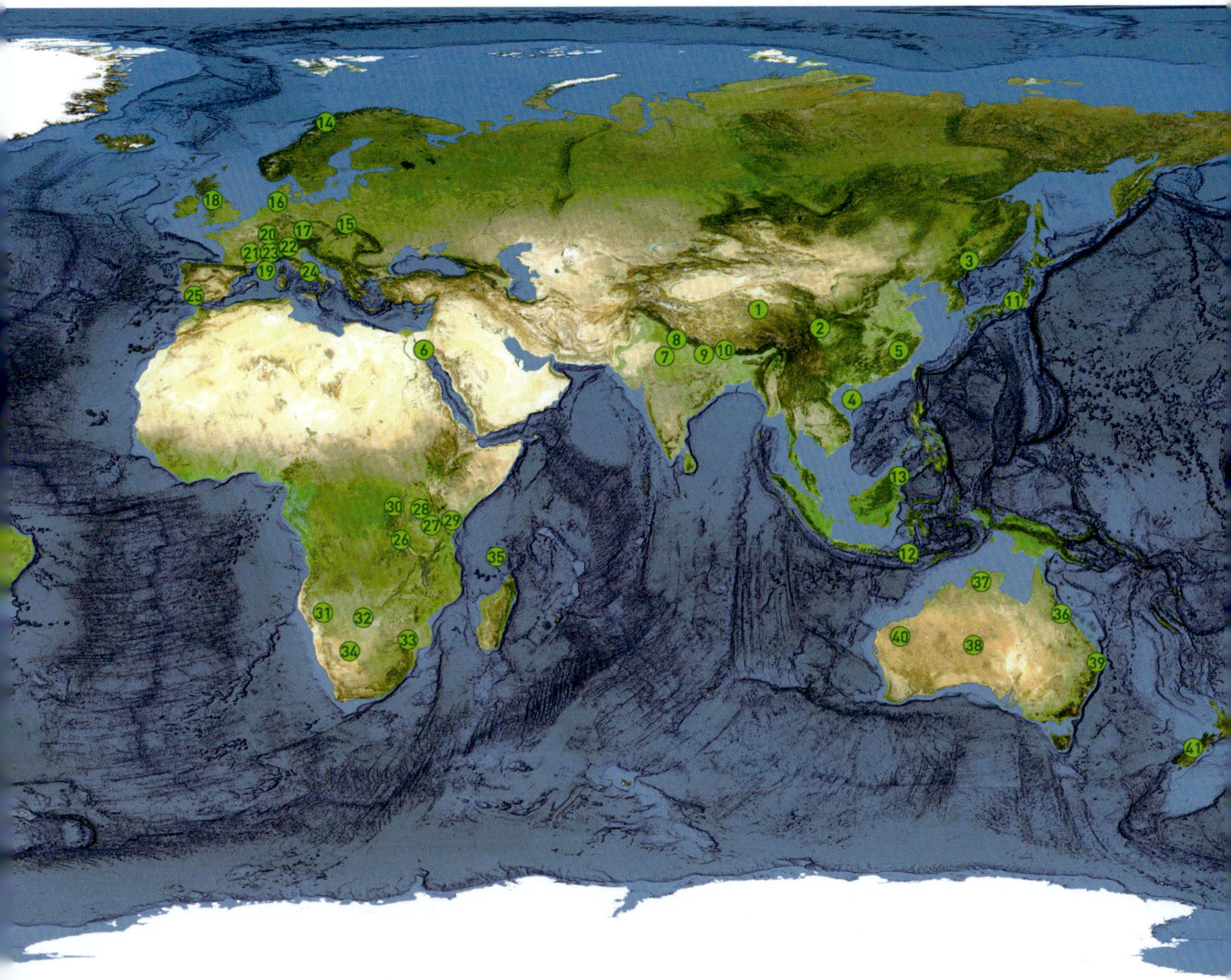

P6 下
一只雄性山羊正发出具有挑战意味的叫声。动物之间会通过姿势和声音来交流。雌性山羊能以特别的叫声召唤小羊。

P6-7
美国佛罗里达州的大沼泽国家公园有着大片的湿地，植被以树木为主，如生长在泛滥平原的池杉。这里也是鳄鱼的栖息地。

P7 下
高角羚是非洲东部稀树草原中分布最广的羚羊物种。图中，一群雌性羚羊跟随着一只雄性羚羊，雄性羚羊长着极具辨识度的大角。

对非洲象来说，水不可或缺。在干旱季节，象群为了寻找水源，会不断地四处走动。这种寻找水源的技能在象群中代代相传。

P12-13
印度的伦滕波尔国家公园里，老虎正在追捕一头年轻的水鹿。这种大型猫科动物擅长游泳，鹿跳进水里也很难逃脱它的追击。

P12 下
尽管体形庞大，老虎的动作还是像小猫一样敏捷和优雅。它走起路来非常灵活，追捕猎物时也能够奔跑相当远的距离。

P13 上
从这种老虎追逐猎物所留下的足迹判断，它一次可以跳跃约5米远。然而，捕猎技巧取决于环境和每个个体的习惯。

P13 下
一旦在开阔地带锁定目标猎物，老虎就会先尽量不动声色地接近猎物，然后快速追击，奋力一跃。

餐。让我们勇敢地越过冰冻的苔原和长满了盛放的、会令人发痒的羊胡子草平原，直至这块大陆的最北端——北地群岛。然后，在对温暖湿润气候和人间烟火的渴望的驱使下，我们向南来到赤道附近的亚洲。在那里，热情好客的人们、华丽的建筑、清澈的海洋和生活着各种生物的森林正迎接我们的到来。幅员辽阔的中国犹如一幅壮丽的画卷在我们眼前徐徐展开：城市繁华而井然有序，圆锥形的山丘环抱着被辛勤耕耘着的田野，浓雾笼罩着层层叠叠的森林，还有五千年的历史文化积淀。接下来是神秘的印度，它正散发着独特的魅力……

世界屋脊宏伟、神圣，堆成小山的垃圾时刻提醒着我们这里也迫切需要被保护。现在，是时候让我们的双脚重回地面：亚洲最珍贵的地方正等着我们光临。在那里，明智的政策保护着美丽的风景，令人感到欣慰和满足，也让我们知道，即使是人类这种最具破坏力的生物，也还是能够找到对的方法，做一些对的事情。

世界上海拔最高的喜马拉雅山脉就坐落在这块全世界面积最大的大陆上。从尼泊尔所看到的最高峰珠穆朗玛峰，好像一座矮胖的岩石金字塔，它的美反倒不敌拥有白色峰尖的努布策山。

Three-River-Source National Park

三江源国家公园

中国

P16

一只雪豹（*Uncia uncia*）正在穿过山脊隘口。这种珍贵又美丽的大型猫科动物是三江源高寒山地间的顶级猎手。

P17

壮观的冰川在山谷间蜿蜒。随着全球气候变化，许多高海拔冰川都在退缩。

三江源国家公园位于“世界屋脊”青藏高原腹地，面积达19.07万平方千米，覆盖了长江、黄河、澜沧江这三条重要河流的源头区域。这里囊括了多样的高原代表性景观，有巍峨的高山冰川，也有平坦辽阔的草地，还有星罗棋布的湖泊河网和雄奇的峡谷。

三江源国家公园中绵延着数条赫赫有名的雄峻山脉，它们围限分割了国家公园辽阔的土地。国家公园的南缘和北缘分别有大致呈东西向横亘的昆仑山主脉及其支脉唐古拉山脉、可可西里山；在中东部，巴颜喀拉山以东南—西北的走向斜穿而过。这些高山的海拔普遍超过4500米。

三江源国家公园内冰川广布，冰川面积约2400平方千米。洁白晶莹的冰川如玉龙般在山间蜿蜒。冰川融水也是许多大河源头的水源，长江源头之一的沱沱河就发源于姜根迪如冰川。

在雪线以下，裸岩和流石滩上仅生长着稀疏的耐寒植被，其中很多植物的茎叶匍匐在地面，形如倒扣在地上的盘碟，这也就是所谓的垫状植被，如垫状点地梅、柔小粉报春等。岩羊凭借出色的攀爬能力，在陡峭的山石间搜寻这些植物果腹，同时避开大部分捕食者。这些区域同时也游荡着岩羊最主要的天敌——“高山之王”雪豹。青藏高原是雪豹分布的中心，陡峭的裸岩山地也是它们最青睐的栖息地。

苍茫辽阔的草地是三江源国家公园内最主要的景观。这里的降水呈现由东南向西北逐渐减少的趋势，草地景观也自东向西由湿润的高寒草甸逐渐转变为干燥的高寒草原，至可可西里西北部转变为荒凉的高寒荒漠。

辽阔的草地不仅为牧民提供了牧场，也养育了众多独特的野生动物。藏羚（*Pantholops hodgsoni*）是青藏高原特有的动物。每年六七月，数以万计的雌性藏羚会踏上漫长的迁徙旅程，前往可可西里的卓乃湖、太阳湖一带产仔：这是亚洲最壮观的兽类迁徙景观之一。

除了藏羚，这里的草原上还生活着藏原羚、藏野驴和野牦牛等青藏高原代表性的有蹄动物。此外，一种个头不大的食草动物同样值得关注，那就是高原鼠兔（*Ochotona curzoniae*）。它们是兔子的近亲，个头只有大约成人的拳头大，常常在草地上挖洞筑巢，采食青草。高原鼠兔堪称青藏高原草地的基石物种：它们挖洞时能将土壤深层的矿物质带到浅层，同时疏通土壤使土壤含水量增高；鼠兔洞同时也为雪雀等小型动物提供了庇护所；高原鼠兔还是众多食肉动物的重要猎物，从小巧的香鼬到硕大的西藏棕熊，以及猎

P18 左
藏羚是三江源国家公园内常见的动物。雄性藏羚长着直而细长的角，长达半米。

P18 右上
一个毛绒团子站在覆盖着雪的岩石上。兔狲的毛十分厚实，有助于在冰天雪地里保暖。

P18 右下
藏狐是青藏高原的特有物种，在三江源国家公园的高寒草甸上经常能见到它们的身影。

P18-19
冬季的可可西里，一只雄性藏羚羊在交配季节努力赢得更多异性的欢心。

隼、大鵟等猛禽都会捕食高原鼠兔。

河湖湿地也是三江源国家公园的重要景观，园区内面积大于1平方千米的湖泊有167个。黄河的两条重要源流——约古宗列曲和卡日曲——合流后流至星宿海，这里地势平坦，河面展宽，流速也变缓，河流在宽阔的河道上形成分分合合的多股水流，如同女孩散开的长长发辫，这就是三江源极具特色的辫状水系。四处流淌的河流也孕育了星罗棋布的大小湖泊和沼泽湿地。黄河在离开星宿海后又先后注入了两个宽广的淡水湖——扎陵湖和鄂陵湖，这两个大湖是黄河流域面积最大的天然淡水湖。从高空鸟瞰，扎陵湖和鄂陵湖就如同一条银练串起的两颗夺目的宝石。

三江源丰富的河湖湿地是水鸟等伴水而居的动物的家园。黑颈鹤（*Grus nigricollis*）是唯一一种在高原上繁衍生息的鹤类，它们的头颈都是黑色的，因而得名

P19 下
高山兀鹫是青藏高原特有物种，它们以动物尸体为主要食物，在高原生态系统中发挥着重要作用。

黑颈鹤。斑头雁可能是飞得最高的鸟类，它们白色的头部有黑色斑纹。每年春夏，它们都会迁徙到三江源繁殖，秋天又飞越喜马拉雅山脉到温暖的南方越冬。

三江源的高山峡谷地貌主要分布在澜沧江源园区，其中著名的昂赛大峡谷保存了青藏高原最完整的、面积为300余平方千米的白垩纪丹霞地质景观。近水平巨厚的红色砂岩在遭遇构造运动被抬升后，又经历了流水、冰川、风等外力的侵蚀作用，以顶平身陡的方山、陡峭的悬崖石壁，以及石峰、石柱等各异的形态呈现在人们面前。澜沧江的源流之一扎曲在峡谷中穿流而过，河水也被染成了砖红色。峡谷中还生长着大果圆柏林地，这是三江源地区少有的乔木林。苍翠的森林，砖红的山石，湛蓝的天空……几种浓烈的色彩在昂赛大峡谷调和，呈现出和谐的画面。

从高处俯瞰，星星点点的湖泊如珍宝般散落在大地上。

P20 上
高原鼠兔虽然个头不大，但堪称青藏高原的基石物种。

P20 下左
五片淡粉色的花瓣环绕着深粉色的花蕊，这是高山流石滩上的代表性植物点地梅。

P20 下右
有着艳丽的蓝色花瓣的总状绿绒蒿十分显眼。鲜艳的花冠能吸引为数不多的昆虫前来授粉。

P21 下
黑颈鹤是唯一能在高原繁衍生息的鹤类，三江源国家公园内的湿地为它们提供了理想的栖息地。

Giant Panda National Park

大熊猫国家公园

中国

大熊猫（*Ailuropoda melanoleuca*）是举世瞩目的明星物种，而大熊猫国家公园正是它们独一无二的自然家园。这座于2016年开始规划的国家公园，于2021年10月12日正式设立，其范围囊括了在青藏高原东缘大致沿南北向纵列的岷山、邛崃山、大相岭、小相岭等高山峡谷地带，面积达到了2.2万余平方千米，覆盖了近六成已知的大熊猫栖息地，超过1300只野生大熊猫生活在其中。公园为连

P22
山地森林是大熊猫国家公园最主要的景观。

P23 上
一只幼年的大熊猫爬上树冠，等候觅食的母亲。

P23 下
小熊猫也是大熊猫国家公园的代表物种。它们虽然与大熊猫算不上近亲，但也以竹子为主要食物。

通和保护大熊猫栖息地而设立，保护工作者们希望能够发挥大熊猫的“伞护种”作用，通过对这一明星物种的关注和保护，同时荫蔽与它同域分布的其他生灵。据统计，在大熊猫国家公园中，有1万多种野生动植物生息繁衍。

这里是中国地形三大阶梯中第一阶向第二阶过渡的地带，有着典型的中国西南山地景观：峰岭逶迤，层峦叠嶂；葱郁繁茂的森林为山岭披上绿装，使直插云天的雄壮山峰也多了几分秀雅妩媚；从空中鸟瞰，如巨大墨玉色波浪的层层山脉连绵不绝。这里的地形以高山、亚高山为主，山脊平均海拔为1500～3000米，最高点海拔达6250米；而河谷深切，谷底、山麓地带海拔较低，最低处海拔仅592米。这一系列山地既处在北亚热带向暖温带过渡的纬度区间，巨大的海拔落差又进一步在垂直方向上延展出温带、寒温带及高寒气候带，加之复杂的地形地貌，因此衍生出极为丰富多样的景观。

P24-25
在进化过程中，大熊猫养成了几乎只吃素的习惯。竹子是它们最主要的食物。

P24 下左
大熊猫会爬树，但更喜欢在地面活动。它们是独居动物，会用气味标记经常活动的地方，但边界线通常不会特别精准。

P24 下右
春天是大熊猫的繁殖季节，雄性大熊猫会四处寻找伴侣。

P25 下
大熊猫白天有十几个小时都在吃东西。竹子算不上很有营养的食物，所以得“以量取胜”。

国家公园的沟谷和中低山范围内分布着天然亚热带常绿阔叶林和落叶阔叶林，偏好暖湿环境的水鹿、毛冠鹿、果子狸、红腹角雉等动物多在这里出没。这片区域生长着的代表性的针阔混交林呈现出林冠错落纷杂的独特景象，高大的冷杉、云杉、包果柯能长到二三十米，其下夹杂着由槭树、桦树、珙桐等阔叶树的树冠构成的中间层；水榆花楸、木姜子、水青树等植物则充实了林冠的下层；乔木之下要么被球花溲疏、桦叶荚蒾、尖叶茶藨子等灌木占据，要么便是被竹子布下的青翠幔帐吞没。海拔更高处的暗针叶林则看起来极为整齐，冷杉、云杉等针叶树沿着山坡并肩生长，恰如一排排列阵的士兵；这些针叶树的树干高达20米，高直耸立，直指云天，从主干顶端向下枝杈一层层地逐渐伸展开，如同带有层层垂檐的尖顶高塔。

大熊猫、川金丝猴（*Rhinopithecus roxellana*）等物种常会在这些栖息地间进行季节性迁移：春天它们会在相对低海拔的沟谷山麓间采食鲜笋、嫩芽等“节令食物”，而夏天它们则会上移到凉爽的高海拔林地中避暑。

在林线之上，是灌丛和草甸，这里生长着多种杜鹃、马先蒿、绿绒蒿等植物，它们明艳的花朵令植物爱好者心驰神往。这里也是绿尾虹雉、雉鹑等地区特有种的家园。在卧龙、王朗等山体的更高处，高山之王雪豹会在裸岩稀疏植被带追捕岩羊、喜马拉雅旱獭等猎物。

P26-27
绿尾虹雉是一种大型高山雉类，其雄鸟有着鲜艳的羽毛。

P26 下左
羚牛可以看作一种大山羊，它们是大熊猫国家公园中体形最大的动物。

P26 下右
一只雌性川金丝猴怀抱自己的孩子。川金丝猴的分布区几乎与大熊猫重合，也是西南山地的代表物种。

P27 下
生长在深山幽谷的黄花杓兰。黄花杓兰是我国特有的珍稀物种，是杓兰属珍贵的种质资源。

大熊猫国家公园所在的区域也是中国最早开始进行现代意义上的自然保护工作的地区之一。早在1963年，政府就在大熊猫栖息地设立了卧龙、王朗、白河、喇叭河等保护区，在随后近60年的时间里又陆续建立起各级各类保护地60余处。自20世纪70年代后期开始，人们对于野生大熊猫的研究逐渐增多，如20世纪80年代初在卧龙开展了一系列中外联合的研究项目，这些研究揭开了野生大熊猫生活的诸多秘密，增进了人们对这一物种的了解，也让人们深刻认识到了大熊猫生存所面临的主要威胁，如森林采伐带来的栖息地破坏、盗猎等。

有了这些研究的支持，政府和相关方在之后的保护工作中采取了更具针对性的措施，如将保护区内的居民外迁，关停林场、水电站、矿山，加强反盗猎巡护等。

要想在自然环境中一睹野生大熊猫的风采并不容易。和动物园中的大熊猫所展现出来的“慵懒”不同，野生大熊猫是敏锐且低调的动物，凭借出色的嗅觉，它们能早早觉察到“入侵者”并提前趋避，而竹林织就的青色幔帐恰好为它们提供了理想的躲避场所。不过生活在这片区域的其他生灵并不都如此羞怯，在国家公园中的一些区域，游客经常能看到羚牛、中华斑羚、小麂等食草动物在林缘路边活动；若得好运眷顾，还能看到优雅的川金丝猴，或是黄喉貂、欧亚水獭等动物。

Northeast China Tiger and Leopard National Park

东北虎豹国家公园

中国

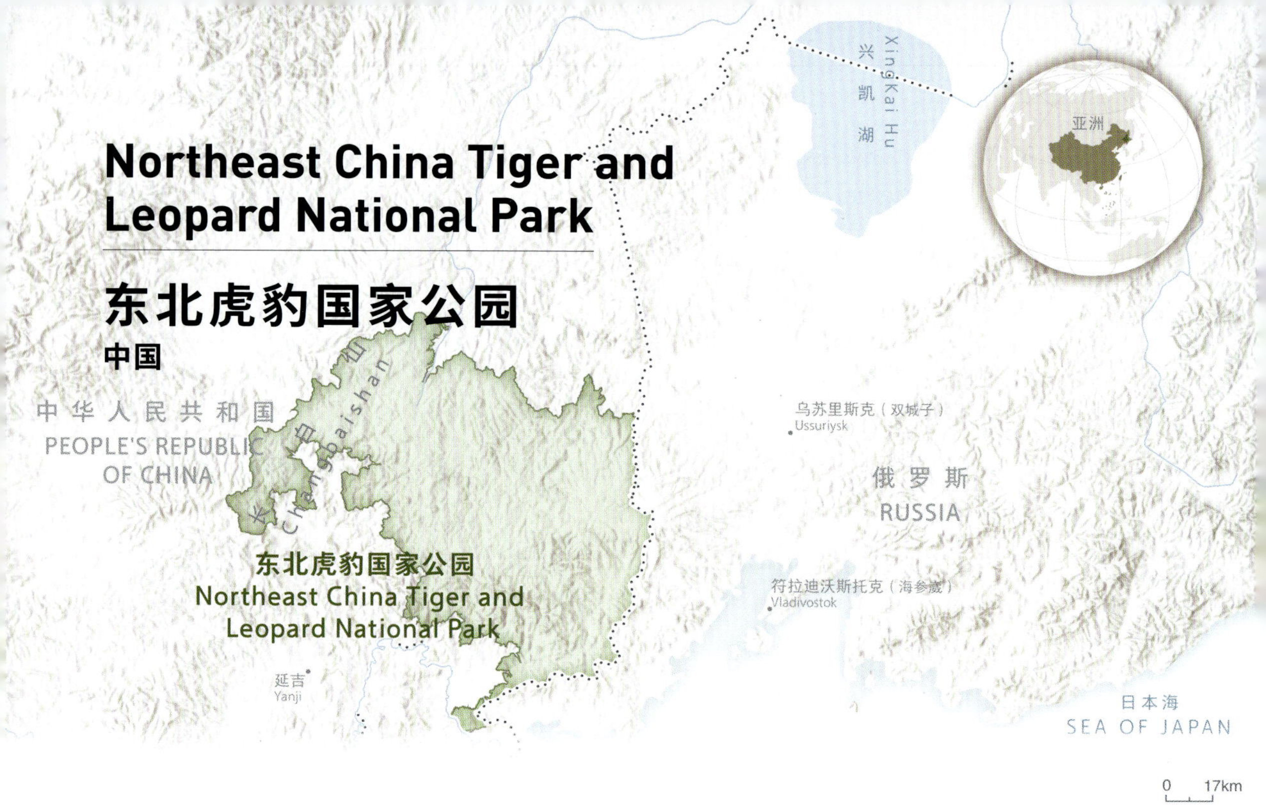

中国第一批国家公园之一的东北虎豹国家公园位于中国黑龙江省与吉林省交界的长白山支脉老爷岭南部；南面与朝鲜隔图们江相望，东边与俄罗斯滨海边疆地区相接。这里是两种“大猫”——东北虎（*Panthera tigris altaica*）和东北豹（*Panthera pardus orientalis*）的重要家园。

东北虎和东北豹分别是虎和豹这两个物种下的亚种，它们曾广泛分布于亚洲东北部，活跃于包括中国东北地区、俄罗斯远东地区以及朝鲜半岛在内的广大地区。然而自19世纪末以来，它们受到人类活动的影响而数量锐减，分布范围也不断缩小。

东北虎豹国家公园是这些大猫在地球上继续繁衍的最后家园之一。国家公园规划面积达1.4万平方千米，公园内整体海拔不高，山势也相对平缓，以中低山、峡谷和丘陵为主要地形地

P28 左
东北虎是体形最大的虎亚种，体重可达300千克。它们是北方森林中当之无愧的王者。

P28 右
东北豹又名远东豹，是豹的一个亚种，是世界上最为濒危的猫科动物之一。

东北虎豹国家公园内，连绵的森林为各种野生动物提供了栖居的家园。

貌，既有山峦起伏、沟壑纵横，亦分布有盆地、平原、台地等地貌。这里生长着典型的温带针阔混交林，东北虎、东北豹最青睐的红松—阔叶混交林在这里零星保存，其余地区则分布着以桦树、山杨、栎树为主的次生林。

这里也是一处重要的跨境保护地——东北虎豹国家公园东部与俄罗斯豹地国家公园相接。这两处国家公园所覆盖的区域内生活着全球第二大野生东北虎种群，以及现存唯一的东北豹种群。

要满足这些大猫的生存需求并非易事，它们需要大面积且不间断的优质栖息地。一只成年雄性东北虎的领地需求为600～800平方千米，雌虎则为300～500平方千米；而雄性和雌性东北豹分别需要300平方千米和100平方千米的领地；除此之外，优质的领地中还需要有足够数量的猎物。这些大猫的主要食物是各种有蹄动物，包括马鹿、花鹿、野猪和狍等；一只东北虎一年需要捕食约50只有蹄动物。

P29 下左
狍是一种小型鹿类，以其为代表的有蹄动物是东北虎和东北豹的主要猎物。

P29 下右
紫貂行动敏捷而灵巧，公园内的森林也是它们重要的家园。

National Park of Hainan Tropical Rainforest

海南热带雨林国家公园

中国

海南热带雨林国家公园有着中国分布最集中、类型最多样、保存最完好、连片面积最大的大陆性岛屿型热带雨林。它位于海南岛中南部的穹窿构造山区，以五指山—鹦哥岭中部山地为中心，向东南延伸至吊罗山，向东北连接黎母山，向西北蜿蜒至霸王岭，向西南绵延至尖峰岭，区划总面积4269平方千米。这里处于亚洲热带地区的北缘，属于典型的热带海洋季风气候，公园中生长的森林并非都是严格意义上的热带雨林。在公园里，从低海拔至高海拔分布了热带低地雨林、热带山地雨林、热带针叶林和高山云雾林等不同类型的热带森林。

热带低地雨林是国家公园中雨林特征最明显的植被类型，分布海拔在800米以下，林下幽暗、闷热、潮湿，顶部的树冠层层叠叠，遮天蔽日，极少有阳光能够穿透到地面。各种植物为了争夺阳光，都尽量向高处生长，因而此处的树木平均高度达20米。这里分布着青梅、坡垒等龙脑

P30 左

海南热带雨林国家公园内分布着保存完好的连片热带雨林。

P30 右

丽拟丝螅（*Pseudolestes mirabilis*）是中国特有的拟丝螅科唯一物种，它有一对几近透明的前翅，较短的后翅上有金黄色的圆斑。

海南长臂猿（*Nomascus hainanus*）是海南热带雨林的旗舰物种，也是世界上最濒危的灵长类动物之一。

香科植物，它们被视为亚洲热带雨林的标志树种。雨林中许多树木都生长着宽大的板根，这些板根自树干基部生出，斜向入土，如侧翼一样支撑起参天大树；有的板根高达数米，宽也有数米，十分壮观。除了高大的乔木，雨林中也生长着许多采取其他生存策略的植物，木质藤本植物便是其中一类，它们通过在乔木上攀缘到达高处争夺阳光。另有一些植物采取附生的生存策略，生长到高大乔木的枝干上——典型的如巢蕨和一些附生兰花。得益于雨林湿润的环境，这些附生植物可以在几乎没有土壤的环境中获取足够的水分，从而形成了美轮美奂的空中花园。

山地雨林是海南热带雨林中植被面积最大、分布较集中的植被类型，分布在海拔700～1300米。相较于低地雨林，这里的亚热带和温带类型的植物增多起来，也有裸子植物分布，主要代表种有海南紫荆木、荷木、陆均松、鸡毛松等。热带针叶林现在比较稀少，多散生于阔叶林内，很少构成纯林，主要分布在佳西、鹦哥岭、五指山和霸王岭等海拔1200米以上的高山上，其中，以佳西的华南五针松林最为连片和典型。在霸王岭中低海拔地带还有颇为特别的南亚松林。高山云雾林分布于海拔1300米以上的峰顶和山脊，生境开朗，云雾多而湿度大。植物群落矮小、枝干弯曲、林冠稀疏，代表性植物有厚皮树、五列木、杜鹃花科植物和壳斗科植物。由于林内湿度大，附生的苔藓、地衣极其丰富，不仅铺满了地面，还一直蔓延到树木的枝干上。

初步统计，海南热带雨林国家公园内记录有野生脊椎动物651种，其中海南长臂猿最具代表性，目前仅分布在公园的霸王岭片区。海南长臂猿以家庭群为单位活动，群内一般包括一只成年雄猿、两只成年雌猿以及它们未成年的子女。海南长臂猿常年生活在高高的树冠之上，依靠一双长臂在树枝间悠荡着“行走”。它们是世界上最濒危的灵长类动物之一，20世纪80年代霸王岭初建保护区时，它们的数量已跌至仅剩2群7～9只。目前海南热带雨林国家公园是海南长臂猿的全球唯一分布地，经过多年保护工作的开展，目前其种群数量已经增加至7群42只，且呈稳定增长态势。

Wuyishan National Park

武夷山国家公园

中国

武夷山脉位于中国东南部福建省与江西省交界地带，沿着大致与海岸线平行的方向延伸，长达500余千米，是东南沿海丘陵与江南丘陵的分界线。武夷山国家公园就位于山脉北部，包括武夷山脉主峰黄岗山周围及九曲溪流域。

九曲溪流域，山峰海拔虽然只有300～500米，但大都是拔地而起，两三百米的高差带来的观感也颇显雄峻。这些山体是由白垩纪湖相砂砾岩构成的红层，后经受地质运动被抬升为山，经过风化、侵蚀和重力崩塌等外力作用而形成如今的丹霞地貌。武夷山还有着同纬度下最典型、面积最大、保存最完整的中亚热带原生性森林生态系统。

沿九曲溪上溯，山地的海拔逐渐升高。这一区域汇集了上百座海拔1000多米的山峰，其中主峰黄岗山高达2160.8米，有“华东屋脊”之称。这里垂直落差大，海拔由低到高依次分布着常绿阔叶

P32 左
中国特有种武夷蒲儿根（*Sinosenecio wuyiensis*）。它生长于海拔1200～2300米的山顶草甸岩壁上。

P32 右
崇安髭蟾（*Leptobrachium liui*）是角蟾科、拟髭蟾属两栖动物，其雄蟾上唇缘每侧都有二枚黑色角质刺，看着像长了胡子一般。它是中国特有的珍稀物种。

武夷山最负盛名的当属国家公园东部九曲溪流域“碧水丹山”的奇秀景观。巨大的岩壁如刀切似斧劈般直上直下，一条九曲溪在山峰间曲折蜿蜒，形成了一幅中国传统山水画。

林、针阔叶混交林、温性针叶林、中山苔藓矮曲林、中山草甸五个垂直带谱。武夷山国家公园共记录有高等植物272科3404种，其中包括许多珍稀特有的物种，如水松、南方红豆杉、鹅掌楸等。生机勃勃的森林为多种多样的野生动物提供了理想的栖息地，武夷山国家公园共记录脊椎动物769种，昆虫7925种。这里是中国东南地区许多特有的珍稀濒危物种（如黑麂、黄腹角雉、崇安髭蟾等）的重要分布区，具有极高的物种保护价值和栖息地保护价值。

武夷山也有着丰富的历史人文遗产。距今4000多年前，古越人就在这里生活。他们将去世的亲人殓于船中置于溪边悬崖上，留下了神秘的架壑船棺。武夷山秀美的风景也吸引了道教、佛教在这里修观建庙，留下了不少宫观、道院和庵堂故址。宋代著名的思想家、教育家朱熹也曾在武夷山建立书院进行讲学，使这里成为理学思想的流传地，并被誉为“闽邦邹鲁”“道南理窟”。朱子理学曾在东亚和东南亚国家中居于统治地位达数个世纪，并在哲学和政治方面影响了世界很多地区。而来武夷山游览、隐居的文人雅士也留下了大量墨宝，以摩崖石刻的形式保存至今。1999年，武夷山被列为联合国教科文组织世界自然与文化双重遗产。

武夷山的茶文化也驰名中外。武夷山出产的茶包括以大红袍为代表的乌龙茶和以正山小种为代表的红茶。如今当地蓬勃发展的不对自然环境产生负面影响的生态茶产业，也是国家公园人与自然和谐共生的理想体现。

Ras Mohammed National Park

穆罕默德角国家公园

埃及

一个绚丽的海底世界在非洲和亚洲的交汇处缓缓展开，这里就是红海。事实上，红海是地壳构造运动的结果，这是一场早在2000万年以前便开始的缓慢过程。地壳构造运动形成一个很深的裂口，将两块大陆分开，最初的分开点就是现在红海海盆的发源地。

在北端，红海被西奈半岛分为两部分，靠东边的面积较小，形成亚喀巴湾，而靠西边的面积稍大，形成苏伊士湾。这里的风景具有典型的沙漠地带特征：既有赭红色的海滩，也有反射着炽烈阳光的古铜色暗礁。无论怎么看，这里都像是一片毫无生气、杳无人迹的土地。但只要潜入这令人心动的清澈的水中，你就会对水

P34 上
夏末时节，在往东非迁徙的路途中，许许多多的鹳会在这处公园中停留片刻。

P34 下
除了珊瑚礁，还有一连串小海湾和珊瑚化石组成的岩石，沿着海岸线延伸，为这处公园增添了绚丽的一笔。

下的生机勃勃感到吃惊。即使是在冬天，这片海域的水温也从未低于24.5℃。事实上，水下的生态系统非常有趣，这与水底世界异常繁茂的珊瑚礁息息相关。远古海洋物种穿过狭窄的通道从印度洋而来，并在这片水域进化出了多样的物种。

P35 上
穆罕默德角位于西奈半岛最南端，苏伊士湾水域和较狭窄的亚喀巴湾水域在此处汇合。

P35 下左
当黎明的第一道曙光来临时，我们很容易在这里邂逅沙漠狐。沙漠狐习惯在夜间活动，只要小心地走近它，它就不会惧怕人类。

P35 下右
照片中岬角的特色在于它尖锐的形状。它由一系列的珊瑚化石组成，形成已经有数百万年之久。

为了适应独特的环境，它们经历了缓慢的本土化进化。为了保护这里独特的海洋生物，当地政府于1983年成立了一个海洋公园——穆罕默德角国家公园。今天的穆罕默德角国家公园面积达480平方千米，距离著名的旅游度假胜地沙姆沙伊赫很近。

这个公园是以现在的岬角命名的，这个岬角是一块古老的岩石，通过一条只有几千米宽的狭窄地带与陆地相连。而这个岬角的名字，是为了纪念先知穆罕默德，即伊斯兰教的创立者。然而，在古罗马时代，这里被称作波塞冬，因为在神话中这里绝美的风景得到了海神波塞冬的青睐，他把这儿选作了家园。

P36-37
软珊瑚以标志性的绚丽色彩而闻名，它有着精细的结构，宛如耐心细致的工匠雕刻的杰作。

P36 下
对深水潜水者而言，在这座公园的水域中潜水是梦寐以求的。很少有其他地方能有如此引以为傲的奇异之美。

P37 上
硬珊瑚和软珊瑚很好区分。硬珊瑚更为坚硬，支撑力好，那是栖息在里边的珊瑚虫形成的。

公园制定了十分严格的规定，要求游客必须严格遵守，包括禁止碰触珊瑚、采集标本和喂鱼等。为了监控不守规矩的游客，许多巡护员坐船或开吉普车来回巡逻，以确保大自然可以享有它应得的尊重。对于潜水者来说，这是一个可以实现梦想的地方。这里水质清澈，即使在较深的水底，能见度也很高，水底的一切看起来既清晰又壮观。形形色色的珊瑚装饰了每一块岩石的表面，呈现出绚丽的色彩，尤其是红色柳珊瑚，几乎遍布整个海盆，这也是这片海域被称作红海的原因之一。

水底世界的动物似乎对我们相当好奇，然而，想想几年来大量涌进的观光客，我们在它们眼中或许和那些“一般的陆地入侵者”没什么两样。银色的鲹和古怪的鳞鲀摇摆着突出的嘴和几何形状的身体，快乐地迎接我们；数不尽的橘黄色的花鮨成群结队地游过，一旦出现危险信号，它们就会躲到珊瑚里。花鮨实行的是“一夫多妻”制，由一条雄鱼担当统领，当雄鱼死后，体形最大的雌鱼便会变性为雄鱼继任统领鱼群。

遇到一群在水流中静止不动的魣是很平常的事，它们似乎正漫不经心地观察着一切。其实这些鱼能够长到2米长，并且有非常锐利的牙齿。它们会突然攻击猎物，然后迅速消失在深海里。

如果你在潜水时能与波纹唇鱼愉快相伴，那真是太幸运了。这种看起来胖乎乎、脾气很好的隆头鱼可以长到2米多长，体重甚至能超过100千克。波纹唇鱼和蔼可亲的外表来主要得益于它头顶的“天然驼峰”，这使它看起来像一个戴着帽子的小丑。它身上绿色的鳞片反射着淡淡的黄蓝色，整个头部点缀着类似希腊风格纹样的花纹，令人联想到毛利人的文身。波纹唇鱼是这

P37 中
许多生物通过适应环境和调整习性共同生活在一起，交织出复杂的食物链。

P37 下
珊瑚可以促进暗礁的生长，形成它的架构。珊瑚也为数以千计的生物提供了食物和庇护所。

P38 上
柳珊瑚是珊瑚中的皇后，它的外形好似细致优雅的复杂扇形物，直径可达3米。

P38 下左
数以千计的牙鲷在春天和夏天会聚集成群，形成几乎无法穿越的柱状鱼群风暴。

P38 下右
水面上隐约浮现出海下珊瑚礁的突起部分，即使是浮潜，也能迅速发现这片水下乐园。

片海域的主人，也是一位仁慈的君主，它用欢迎的姿态迎接客人，并允许访客轻抚它的背部。石斑鱼非常羞怯，它们习惯躲在安全的洞穴中，只伸出头来，好像一位好奇的闺阁小姐将头探出窗外一样。另一种生活在珊瑚礁中的典型鱼类是青星九棘鲈。这种鱼有着显著的特征：鱼身呈明亮的橘红色，点缀着数不清的深蓝色圆点。还有一种鱼，只要它一出场，你便几乎只凭本能就可以“感觉”到周边不自然的、突如其来的死寂，即使上一秒鱼群还在互相追逐嬉戏。这就是令人闻之色变的顶级掠食者——鲨鱼。

即使大家都知道只有少数鲨鱼会对人类构成危险，也知道这些危险的鲨鱼并不栖息在如此临近珊瑚礁的海域，但是，大家都认可的是，一旦发现鲨鱼那标志性的蓝色身影，就会不寒而栗。长鳍真鲨是栖息在暗礁环境里的代表性鲨鱼，它们的背鳍末端有浅色斑点。看着长鳍真鲨在我们头上慢慢地绕圈游动，然后在我们身边轻轻游过，可以说真是有一种触电的兴奋感。它们缓慢地游荡，时不时懒洋洋地摆下尾巴，显然对我们毫无兴趣。忽然间，它们悄悄地游走了，和来时一样无声无息。

海鳝大部分时间都躲藏在岩石的裂缝和沟壑中，耐心地等待时机成熟时捕捉猎物。海鳝的外表令人不安，它的嘴里长满了细小而锋利的牙齿。另外，海鳝眼睛的形状也使它看起来十分邪

P38-39
珊瑚礁展露着它五彩斑斓的色彩和奇形怪状的形状，任何人第一次看见它时，都会被它的美惊呆。

P39 下
青星九棘鲈的体形比其他石斑鱼小，它那橘红色的鱼身上散布着无数的小蓝点，所以很容易辨认。

恶，并由此引发了人们的想象，编出一系列关于这种动物对人类造成危害的传说。事实上，海鳝很少主动攻击人类，有少数案例可能是它将人类的手误认为是章鱼的触手，而章鱼是它平常的猎物。被海鳝咬到会很疼，因为伤口很深。与生活在地中海的海鳝相反，热带的海鳝可以长到很大（体重可达10千克），但是在水下人们很少见到一整条海鳝，除非刚好赶上它们准备“搬家”，那时它们会从藏身的洞穴中游出来，像蛇一样迂回游动，去寻找更好的庇护所。

P40-41
邂逅海洋中最顽皮、最可爱的生物海豚是最令人激动的。

P40 下
鲹的银色外衣照亮了海洋深处。这些掠食者总是密密匝匝、成群结队地出动。

P41 上
鲟是食欲旺盛的食肉动物，喜欢成群结队地在急流中保持静止不动。它们的外表让人误以为它们是危险动物。

P41 上中
蝠鲼是这片水域中的大型物种之一。如翅膀般的鳍能让它在海中“翱翔”。

P41 下中
蝙蝠鱼在水面的反光下慢慢游着，它们的样子让人想起借以命名的哺乳动物：蝙蝠。

P41 下
鲨鱼总是会唤醒人类最原始却毫无依据的恐惧。这种生活在珊瑚礁周边的鲨鱼，如长鳍真鲨，并不会主动攻击人类。

Ranthambore National Park

伦滕波尔国家公园

印度

P42
图片右下角是伦滕波尔国家公园里的一只虎。伦滕波尔国家公园是“虎计划”中最重要的保护区之一。保护这个物种的计划始于20世纪70年代初期。

P43 上左
与其他猫科动物不一样，虎在水中也可以安然自得。它待在水里恢复体力，必要的时候还可以表现得像一个游泳健将。但是，受庞大体形的限制，它并不是个攀登高手。

P43 上右
虎是一种独行动物。每只虎都为自己划定了领地，在这个势力范围内，它不容许其他虎侵入，除非是在交配的季节时外来的异性。

P43 下左
拯救仅存的几千只印度虎与保护这片贫穷的土地息息相关。在这里，人类要为生存而战，即使到今天，虎仍被视为一种威胁人类生命安全的存在。

P43 下右
伦滕波尔国家公园的存在与虎的生存息息相关。在20世纪，这种世界上体形最大的猫科动物的数量减少了超过90%。

伦滕波尔国家公园位于印度次大陆北部的拉贾斯坦邦，这里是古代王公（君王）和贵族的领地，因而遗留了许多宫殿、寺庙和古老城堡，公园占地约392平方千米。这处自然保护区内流传着说不完的故事，其中有些故事与它所在的这块土地密切相连。事实上在相当长的时间内，这里一直是斋浦尔王公的私人猎场。他带着声名显赫的客人们来到这里体验冒险而刺激的猎虎行动，或与外国代表加强政治同盟关系。正是为了保护这种雄伟的猫科动物，这个小保护区成了印度最

重要的国家公园之一。“老虎生存计划”（Tiger Project）是一项由世界自然基金会（WWF）于1973年发起的雄心勃勃的保护工程，由英迪拉·甘地夫人亲自推广，目的是恢复虎的数量，保护它们免于灭绝。随着这项计划的推行，印度设立了9处自然公园（后来增加到23处）。在这些自然公园里，还划定了一些面积较小的“缓冲区”，这些区域内有自然植被覆盖，并允许有限的人类活动。

公园中心地带也有好几个区域严格禁止人类和牲畜进入。公园的几个特定区域内设置了一些虎专用保护区，并且明文规定：“此处为繁殖中心，其他动物将移送至外围森林。”鉴于30年前，虎的数量就已大幅减少至最初数量的1/10以下，这项举措在当时无疑是迫切而必要的。如今，伦滕波尔国家公园得到了非政府组织伦滕波尔基金会的支持，基金会的使命是平衡、兼顾保护区内自然保护的需求以及附近村庄居民的经济发展需求。这片天然绿洲位于拉贾斯坦邦，被阿拉瓦利岭以北的沙漠分隔开来。该地区是季风气候，季节性降雨充沛，土壤肥沃，植被茂盛。这是如今极少数仍可看到野生虎的地方，在某一个清晨或黄昏，你可以见到它们在树丛中追踪猎物，或者在林下灌丛中打盹。你甚至有机会瞥见母虎在浓密的灌木林中亲昵地照顾幼崽。

虽然老虎是公园的明星物种，但游客在吉普车可到达的区域内旅行时，还可能会遇到许多其他动物。通往内部的地形复杂多变，让第一次进入保护区的人惊喜不断。不时见到古墓遗迹或残

P44 上
当环境状况允许时，水鹿会高密度地集群栖息在一处。然而，一般情况下，它不会像其他种类的鹿一样形成数量非常稳定的鹿群。

P44 中
花鹿生活在尼泊尔、印度和斯里兰卡。在喜马拉雅山脉的山脚下和恒河河口，不论是平原还是丘陵，只要是水源充沛的地方，都有它们的踪迹。

P44 下
水鹿是亚洲南部最大的鹿科动物，公水鹿的体重可以超过350千克。然而，它的犄角并不算特别大。

垣断壁也是很平常的事，它们是往昔的富有繁华的无声见证。而如今这里是五彩缤纷的孔雀王国，雄孔雀骄傲地展示美丽的尾羽，争奇斗艳，以吸引雌孔雀的注意。

整个区域几乎完全封闭，与自然乡村融为一体，而位于山顶的伦滕波尔城堡，其历史可以追溯到公元10世纪。这座标志性建筑所处的优越位置，正好让游客得以从公园的西南端饱览一片沼泽地带和典型草原。

主要的沼泽区分布在帕丹湖一带，佐姬玛哈附近。这里是曾经王公的狩猎行宫，是保护区古老功能的最后标志物。这里的湖水蓝得惊人，湖边长着巨大的孟加拉榕树，层层叠叠的树枝与气生根交织成一片迷宫，构成了伦滕波尔国家公园内另一处代表性景致。榕树上还栖息着叶猴家族，它们性情活泼，时常对掠食者保持警惕，是这块领地的主人。

傍晚时分，在湖岸经常能够看见成群的水鹿，其中偶尔还夹杂着花鹿和颈背处长着硬鬃毛的吵闹的印度野猪。傍晚时分也是游客欣赏老虎捕猎的最佳时机。如果运气足够好，你甚至可能偶遇非常稀有的渔貂，它可不像那些被人类驯养的“表亲”们，它不仅不怕水，而且擅长在池塘或湖中捕鱼。要是你碰巧看见可怕的黑影从头顶掠过，不必惊恐，因为那可能是一只印度大狐蝠。印度大狐蝠是一种大型但无害的昼行性蝙蝠，以果实为食，它可能正在寻找一处安静的栖木，以便继续倒吊着睡觉。

肆意扩张的水生植物使得荒凉的沼泽地几近窒息，这里是恒河鳄和尼罗鳄的天堂。尼罗鳄与恒河鳄很容易区分，后者长着明显的长而窄的吻。

在伦滕波尔国家公园旅行，驱蚊液是必备的，因为这里有许多饥肠辘辘的蚊子。你也可能见到鲜为人知的鹿羚、苍羚，无忧无虑地在这片开阔的原野上奔跑，寻找食物。公园里也栖息着小型的懒熊，由于它那闻名遐迩的平衡技能，它们又被人们称为杂耍熊。夕阳西下之

水鹿可以完全浸泡在水中，吃浮在水面上的睡莲叶子。它们似乎也能吃其他动物不能吃的有毒植物。

时，日益难以见到的懒熊开始离开树枝上的隐蔽处，迅速进入森林觅食。懒熊喜爱的食物之一是蚂蚁，它通常会先破坏蚁巢，再用长长的嘴吮吸它们。像所有的熊一样，它也喜欢偷吃野蜂蜜。

栖息在公园里的鸟类同样值得一提。这里的鸟类种类繁多，最有名的要数寿带了，它们对配偶的忠诚尽人皆知。然而寿带非常胆怯，想要看见它并不容易，哪怕有一丁点儿动静，它们也会藏起来。不过，雄鸟在交配季节通常会展示它那惊艳的羽毛，这可是值得我们长时间静静等候的：它那华丽的尾羽像缎带一样，长度可达30厘米。

在几乎被沼泽植物占领的池塘边，无数只水雉的白色脑袋相当显眼。它们长着长长的脚趾，指甲也很发达，可以“奇迹般”地在水上行走。其实，在它那形状特殊的双足的协助下，水雉可以轻巧地停在沼泽植物上休息。白鹡鸰也是这里常见的鸟类，游客们时常可以看到它们在湖边或池塘附近的开阔区域寻找昆虫，那是它们唯一的食物来源。这里也有肉食性的鸟类，比如爱捕食蛇类的蛇雕，它们可以帮助适当控制爬行动物的数量。

如果你决定在保护区内的小屋过夜，你将能体验到公园夜间不同寻常且令人回味的景象所带来的惊险刺激。其他动物族群会出没在公园的夜色中，而你却看不见——包括那在密林下的灌木丛中低啸的豹，它正准备突袭毫无警觉的动物，这令人感到毛骨悚然。你将切切实实地感受到自己身处凶猛的食肉动物——老虎的地盘，随即会产生身处险境的恐惧感。然而，当你陶醉在周围的环境中，听着猫头鹰飞离藏身树洞时发出的鸣叫，你定会觉得这一趟伦滕波尔国家公园的冒险是非常值得的。

Corbett National Park

科比特国家公园

印度

科比特国家公园相当有名，几乎所有的观光指南都会将它推荐给热爱自然的游客。公园面积约521平方千米，是印度动植物保护的重要绿洲。科比特国家公园隶属于印度北方邦，从喜马拉雅山脉一直延伸到肥沃的恒河平原，是印度北部重要的区域之一。我们得感谢猎人兼热心环保人士吉姆·科比特少校，在他的坚持下，这个地区在1936年成为印度的第一座国家公园。

这座公园自成立以来先后经历了好几次更名。最初，为了纪念当时的北方邦领导人马尔科姆·海里爵士而命名为海里国家公园。1947年，英国从印度撤离

P46 上
太阳正从拉姆根加河上升起。科比特国家公园中正在进行“换岗仪式”，昼行动物将逐渐取代那些已经忙碌一晚的夜行动物。

P46 下
一只外表靓丽的北平原灰叶猴和它的幼崽躲藏在科比特的森林里。

羞怯的花鹿在茂密的矮丛中找到了庇护之处。科比特公园繁茂的植物为掠食者和被掠食者提供了藏身之处。

之后，这座公园改名为拉姆根加国家公园，而拉姆根加河正是流经此地的河流的名字。约10年之后，这一国家公园又更名为如今的名字——科比特国家公园，以纪念积极推动成立这座公园的创始人。1973年，科比特国家公园连同其他的印度公园一起，被列入政府主持的“老虎生存计划”的保护范围，其目的在于保护濒临灭绝的印度虎。

科比特国家公园的北部是海拔为400～1200米的坎达山脉。山丘的大部分区域覆盖着繁茂的森林，其中树木多为娑罗双和更有名的柚木。柚木可以长到60米高，因作为家具和木地板的原材料而闻名。这里的菩提树也非常多。菩提树拉丁名为*Ficus religiosa*，有“宗教树”的含义，因为它与古老的印度传说有关，传说释迦牟尼就是在菩提树下悟道的。因此，这里的寺庙里里外外最常见的就是菩提树。当我们登上更高的海拔位置时，眼前的植被渐渐发生了变化，你的注意力多半会被雪松优雅的角锥形绿叶所吸引。雪松非常坚韧，因而有“神木”之称。

恒河的支流拉姆根加河流经公园的心脏地带。数千年来，它的众多支流塑造了公园内最主要的山谷和一系列规模虽小但是非常美丽的峡谷。在公园南部的卡拉加尔镇附近，有一座堤坝阻隔了河道，形成了巨大的人工湿地，面积将近40平方千米，那里是观鸟的理想去处。

小心隐藏在沼泽岸边的植物中，你会观察到鹭和鸬鹚特有的潜水姿势，它们潜入湖水中，然后叼着猎物再度出现。如果你造访这座公园的目的是邂逅大型哺乳动物，那保护区内最主要的

游客中心迪卡拉绝对值得一去。那里有广阔的草地，在许多方面都类似非洲的热带稀树草原。为了使游客获得较好的观赏视野，迪卡拉特别设置了高处的观察站，以便更好地观察这片栖息地。

这里是鹿、羚羊和印度象的理想栖息地。如果你见到象群的话，几乎可以断定那一定是由一群母象和幼象组成的，而领导者是聪明又富有经验的老年母象。年轻的公象会另外组成较小的象群，独象都是成年公象或是残疾的象。象习惯在白天最炎热的时段待在树荫下或泡在水里，而早晨和傍晚时分则专心觅食。它们把长鼻子当手指用，捡拾树叶或硬树皮，然后送入嘴里慢慢咀嚼。当地居民将这些有着厚厚皮肤的动物视为力量和长寿的象征：因为它们看起来很威武，身躯特别庞大，力气大得令人难以置信，而且它们的确很长寿（许多大象的寿命能超过80岁）。印度人对象保持着相当的崇敬。印度神话中重要的神明之一，因陀罗，便选择象作为自己的坐骑。

喜欢欣赏全景的人可以攀登公园北方边界的坎达山，从山上可以俯瞰迪卡拉平原和拉姆根加人工湿地，还可以远眺海拔超过7800米的楠达德维山，欣赏被皑皑白雪覆盖的山顶。

更近的是帕特潘尼，这里有低矮且坡度缓和的丘陵。如果你不排斥骑乘大象，可以骑着被驯服的象来一次短程旅行。其实，象背是沉浸在大自然中的最佳观察站之一，也是较容易接近公园内其他动物的位置。此外，在经验丰富的象夫的陪同下，大象更是通过森林小径最安全的交通工具。

在丛林里，受惠于整个地区特有的季风气候（全年降水量可能多达2000毫米），这里的植被异常繁茂。丛林里潜藏着一个几乎看不见的幽灵，它就是百兽之王——虎。缠结的树木和密集的灌丛几乎为它造就了坚不可摧的独立王国。然而这里也和其他地方一样，

P48上和P48下
在拉姆根加河的岸上，恒河鳄与尼罗鳄共居一处，共享食物。恒河鳄的嘴部狭长，牙齿长而突出，是天生的捕鱼高手。

P48-49
一群印度象懒洋洋地漫步。这些厚皮动物体积庞大，成年后就没有天敌，即使面对老虎也不惧怕。

由于盗猎，这种超级动物正面临灭绝的危险。民间药典记录虎骨和虎的其他部位能入药，这在一定程度上也加剧了非法捕猎。要在此地看见虎十分困难，但是如果陪同的向导够聪明，能够辨识出干泥巴上留下的旧足迹，你便能意识到它那令人毛骨悚然的存在。

在这片森林中还栖息着另一种引人注目的动物——马来犀鸟。这种奇怪的中等体形的鸟类有着标志性的巨大鸟喙。你经常可以听到犀鸟在树丛飞过时发出的喧闹声。犀鸟对配偶非常细心：为了保护正在孵蛋的雌鸟，雄鸟会把雌鸟安置在一个中空的树干中，只留一个极小的开口传递食物。这种行为会一直持续到幼鸟可以自行觅食为止。

然而，最有可能看见大量动物的地方还是广阔的水域附近，动物们聚集在那里举行傍晚的“饮水仪式”。如果你看到了印度兀鹫，那可能意味着附近有动物尸体正等着收拾。兀鹫，以及尾随而来的鬣狗和豺狼，为整个公园提供了称不上高贵但十分重要的服务——清除动物遗骸。

和印度的其他地区一样，保护区里也有极端危险的爬行动物，如眼镜王蛇。眼镜王蛇曾使无数人丧命，因而臭名远扬，尽管你在这里几乎察觉不到它们的存在。眼镜王蛇是眼镜蛇家族中体形最大的，它可以长到异常惊人的长度。通常成蛇长约3米，有的也会长达3.5米，甚至4.5米。眼镜王蛇通常潜藏在植物中等候它们的猎物——通常是其他蛇。它会用那将近3厘米长的毒牙刺破猎物的皮肤，并随即注射进足以使猎物立刻毙命的毒液。交配期的眼镜王蛇对人类来说更加危险，此时的它们攻击性更强，会突然攻击接近它的任何活物。如果你和一位当地人在一起，碰巧看见一条眼镜王蛇，你能立刻感知出印度人对蛇的态度——混杂着恐惧和敬意。尽管眼镜王蛇非常危险，但当地居民却从来不会猎杀它们，因为它们是祸害粮食的老鼠的天敌。

Chitwan National Park

奇特旺国家公园

尼泊尔

在尼泊尔南部的中央地带，靠近印度边境的地方，游客可以从婆罗多布尔出发，前往奇特旺国家公园，这是尼泊尔最著名的公园，也是稀有的印度犀牛最闻名遐迩的栖息地。这片绿洲上生活着约600头犀牛，尼泊尔颁布了严厉的法令来保护它们，那些猎杀犀牛的人甚至可能会被判处死刑。公园面积大约有932平方千米，雄伟的喜马拉雅山脉构成了引人神往的背景。

1959年，当时的国王马亨德拉设立了这座公园。当时，国王宣布划出一块区域（现在的公园东部）作为保护区，并以自己的名字命名。当地居民立刻表示反对，因为

P50
从拉布蒂河畔可以欣赏到山顶积雪的喜马拉雅山脉壮丽的景致。喜马拉雅山高耸在天幕下，构建出了无与伦比的背景。

P51 左
新的一天又要到来了，一头印度犀牛在水池中泡着，企图让自己凉快一点。

P51 右上
两头印度犀牛意外地出现在浓密的林下灌丛中。这种受保护的物种曾一度濒临灭绝，现在只存活在公园和保护区内。

P51 右下
公园里栖息着众多花鹿。它们淡黄褐色的毛皮上有白色的斑点，看起来十分优雅。

这片区域是重要的农业用地。1965年以后，政府强烈支持国王，公园内的村民被迫撤离。之后，政府宣布将这个区域连同另外近500平方千米的土地共同被列为“印度犀牛绿洲保护区”。直到1973年，这座公园才正式获得法律上的承认，而现在，它已成为著名的旅游胜地，对尼泊尔羸弱的国家经济做出了巨大贡献。从地质学的角度看，这个区域有2/3的面积被绵延的西瓦利克山脉占据着，西瓦利克山脉一直延伸到喜马拉雅山脉南麓。这些高地被一系列通常呈纵向的峡谷分割开，形成了十分鲜明的地貌特色。其余部分是冲积而成的低地平原，它由北方高山被河流侵蚀后形成的碎屑日复一日地沉积形成，这些低地构成了恒河平原的东部区域。

公园边界主要由两条大河构成：北边的是拉布蒂河，最受游客欢迎的两日乘筏漂游就在此处；南边的是鲁河。两条河道的交汇处布满沼泽地，是观察印度犀牛的绝佳场所。这处平原是印度犀牛理想的栖息地，游客经常可以看见它们在水中泡着以洗掉身上贪婪的寄生虫，或是专心致志地吃着全天供应的草。

如今，这些肩宽达1.7米的“装甲巨兽”正面临着严重的生存危机。它们一直是神话和传说的主角，几个世纪以来一直遭受人类的猎杀，那些偷猎者企图割下它们独特的角研磨成粉，再将其包装成“包治百病的万能药”以牟取暴利。

值得庆幸的是，目前印度犀牛的分布区域正在慢慢扩大，而且皇家班迪亚国家公园的博物

学家也已经从奇特旺国家公园引进了印度犀牛，来壮大当地的印度犀牛种群，并执行了一项在1986年制定的专案计划，旨在把印度犀牛重新引入尼泊尔东部。每年夏季，短短的几个月内，季风季节的大雨和洪水为公园带来了充沛的水源，大大改善了公园内所有动物的生活条件。

高温和高湿为热带植物创造了理想的生长环境。黄檀是一种长得极高大的豆科植物，枝干粗壮，为鹿和野猪等动物提供了完美的藏身之处。同样繁茂的植物还有羊蹄甲树，它长着奇特的叶子，整个夏天都能开花；而金合欢树则长着多刺的树枝。养育着食草动物的草原确实受到了当地居民的影响：人们仍然以古老的方法焚烧土地，促使幼嫩芽苗快速长出，这些嫩芽正是食草动物最喜爱的食物。再者，火也减缓了森林的扩张速度，使开阔的草地能够继续存在并成为犀牛和大象基本且重要的觅食点。

想进入森林，必须抵达较高的海拔，那里的公园向导非常乐意陪游客穿越丛林间的小径，但是只能步行。不过只需要这一点点的付出，就能收获巨大的回报：你会看到绝佳的景色在眼前徐徐展开，头顶上密集的树叶似乎形成了圆形的穹顶，宛如一座美丽的、无法用言语形容的“大教堂”。

高大的树木与附着在树干上的附生植物合为一体，上面还有许多攀缘植物，温柔地给予它们危险的拥抱。这些攀缘植物包括容易辨认的兰花，它细致优雅的花朵在西方世界闻名遐迩。大量的动物将这里茂密的森林作为庇护所，人们很难在地面上发现它们的身影，只能看到它们路过时留下的踪迹。

这里还生活着小麂，这是一种长着弯曲小角的胆怯的小型鹿科动物，它们很少离开茂密的林下灌丛。树枝上活跃着长尾叶猴，它们总是吵吵闹闹，引人注目，在这里，它们几乎是人们崇拜的对象。这种长尾叶猴的毛色很深，与栖息在印度次大陆南部的那些毛色较淡的种类不同。它们响亮的嬉闹声是森林中所有动物的安全信号，那意味着附近没有潜伏的掠食者。

长尾叶猴最大的敌人是豹，尤其是目前逐渐变得稀少的黑豹。黑豹常在夜间猎食，它们可以

P52 左
在白天最热的时段，犀牛喜欢泡在水中打发时间。这种犀牛的角尖由角质物构成，在亚洲的犀牛种类中是独一无二的。

P52-53
一头犀牛正在寻找食物。这些皮糙肉厚的动物主要以草和树叶为食。它们的上唇悬生着类似手指的附肢，可以很方便地扯下草或树叶。

P53 上
正如照片中所见，印度犀牛长着非常坚硬而厚实的皮肤。皮肤上的许多褶纹使它看起来好像真的被一层盔甲保护着。

巧妙地隐藏在黑暗中，足以和公园中的另一种大型掠食者——虎相抗衡。突然传来的一声巨响则表明正有一只马来犀鸟掠过上空。这些长着特殊钩状鸟喙的超大型鸟类有着极为忠诚、稳定的配偶关系，雄鸟会将配偶和幼鸟安置在中空的树干中，并用烂泥和细枝加固鸟巢，然后外出为自己和家庭成员搜寻食物。

想要在一个地方看见尽可能多的成群的动物，最理想的方式便是沿河行走。在那里，你会看见许多前来喝水的哺乳动物，如豚鹿、花鹿、水鹿、印度野猪和印度野牛。印度野牛体形庞大，也被称为“丛林公牛”，它的肩宽近2米，华丽的犄角近1米长。远远望去，印度野牛那特征明显的黑色轮廓在地平线上隐约可见。印度野牛群通常是由一头成年公牛统领，且总是紧挨着密集的植被前行。一旦察觉到危险，它们就会迅速隐藏到植物丛中，消失得无影无踪。它们经常借着带有警告性的嘶嘶声交流，如果有实质性的危险时，嘶嘶声就会变成响亮的怒吼。

河岸上栖息着大量的鸭子和其他水鸟，包括冬天在这里短暂停留的候鸟。当好天气到来，这些候鸟会再度起程飞往北方。常常发生的是从河岸的某个地方突然飞起一只白头、白翅、褐背的猛禽，那是鹗，它飞行时优美和谐的动作，让观赏者不禁默默赞叹。当鹗飞到离地面约30米的高度时，它会突然向下俯冲，撞击水面，然后用爪子抓住猎物再次升空。因为高超的抓捕技巧，它很少会失手。

几乎静止不动的是躲藏在沼泽植物中的恒河鳄和沼泽鳄，它们在炎热的时光里静静地打盹。它们潜伏在湖生植物中，以非常笨拙的姿势来应对漫长而复杂的消化过程。直到几年前这些河里还栖息着另一种动物——恒河豚。它们有着修长的流线型体形，体长达2.4米，可以逆流而上游行数千米，通常成群结队地行动。

P53 下
犀牛的脾气一般比较温和，但如果受到惊吓或烦扰，也会突然发起冲锋。尽管体形庞大，它们仍能以非常快的速度奔跑，横扫沿途的一切。

Sagarmatha National Park

萨加玛塔国家公园

尼泊尔

P54
图片展示了喜马拉雅山脉的一处山谷，这是萨加玛塔国家公园海拔最低的地方。这里的山坡上布满了密集的森林，大部分是针叶植物，如西藏冷杉。

P55
金色的阳光洒在珠穆朗玛峰上，与背景处的蓝色天空形成了鲜明的对比。

如果你已经气喘吁吁，心跳加速；如果你感到头痛、反胃、口干舌燥；如果周边的气温很低，而你早已筋疲力尽，无法吞食，更无法入睡；如果你感觉自己已经命悬一线了，那你为什么还要一直向上爬呢？为什么要攀登这世界最高峰？英国探险家乔治·马洛里给了我们答案：“因为它就在那里。”

尼泊尔人称它为萨加玛塔峰，中国人称它为珠穆朗玛峰——这里是直冲云霄的地方，是世界上最高的山峰，那上面没有别的东西，甚至连氧气都十分稀薄。截至2024年底，珠穆朗玛峰

的攀登总数已超1万人次。这个数字在全人类的数量中显得那么微不足道，他们站在山脚，仰望地球上的最高峰，满怀敬仰。实际上的山脚也只是从某种意义上来说的，因为这里的任何一个谷底可能都比阿尔卑斯山还要高。世界上海拔最高的国家公园就在这里，也只能在这里，只有萨加玛塔（意为天空女神）这个名字才能彰显她的神圣。公园成立于1976年，占地面积1148平方千米，涵盖了杜德柯西河的上游流域。沿着山谷往上爬，就来到了位于乔塞尔村附近的公园入口，这里海拔将近2800米。而要到达这片大陆上的最高点还有近6000米的高度，一路上随着海拔不断升高，你将见证气候和植被沿海拔梯度的垂直地带性变化。

在较低海拔地带，环抱着山峰的森林构成了这里的主要景观，树种包括松树、桦木、刺柏和杜鹃花等。杜鹃花是一种进化比较完善的乔木，每年在6月的第一场季风之后，杜鹃花会绽放出数不尽的色彩鲜艳的花朵。由于海拔、气候及随之而来的短暂的植物生长期，只有少数矮小的灌木能在超过4500米的高度生存。随着海拔的升高，植被变得越来越矮小，在那里，植被转变成大片的灌木。再往上是越来越稀疏的草地植被区，这里生长的植物能够忍耐恶劣的环境。最后，当到达海拔大约5700米的地方时，你就越过雪线进入了冰雪、岩石和冰川的王国。只有专业登山者才会挑战更高的险峰，包括海拔8501米的洛子峰、海拔8153米的卓奥友峰、海拔7896米的努布策山、阿玛达布朗峰和其他几十座的高峰，当然也包括海拔8848米的珠穆朗玛峰。

徒步旅行者若按照传统路线穿过森林，会抵达海拔3864米的汤坡崎山。这里有座宏伟的寺庙，但曾于1988年被火焚毁，后来重建。再往前就是旁波切，昆布冰川地区最古老的寺庙所在地。昆布冰川也是国家公园内最重要的冰川之一，此地的冰碛陡然上升，直抵卡拉帕塔峰（海拔约5600米）。在能见度高时，登山者可以从这里眺望世界上最高的山峰。虽然这条登山路线并不难，但仍然需要十分谨慎，因为海拔越高，路况越复杂。攀登者必须一步一步来，缓慢前行，以便身体能够逐渐适应新环境，否则，一旦出现高山症，攀登者只能返回低海拔地区。

似乎只有生活在这里的夏尔巴人不受高海拔的影响。他们的祖先来自中国西藏东部，在15世纪末至16世纪初来到这里。如今，夏尔巴人生活在国家公园内的各个村庄里，他们原来从事传统的农业经济，但现在他们越来越依赖观光旅游业。就连当地的佛教寺院文化活动也成为吸引观光客前来的重要因素。这些人乐观开朗的性格令人惊叹，这种乐观与考验人类生存极限的残酷环境形成了鲜明对比。

萨加玛塔国家公园被冰川运动形成的湍急洪流切割成深深的峡谷，这里也生活着非常有趣的动物。原麝（*Moschus moschiferus*）就是其中之一，这种奇特的小鹿虽然没有犄角，但长着非常特别的上犬齿，那可是长达8厘米的真正的獠牙！在海拔更高处，你还会发现喜马拉雅塔尔羊

P56-57
珠穆朗玛峰常年云雾缭绕。云和着风、落日，形成绝美的景色。这是摄影师从普莫里山捕捉到的瞬间。

P57 上
华丽而稀有的雪豹长着非常厚的绒毛皮，它的体重可达40千克。

P57 下
落日余晖照亮了阿玛达布朗峰的每个角落，这是一座许多登山者都梦想征服的高山。

（*Hemitragus jemlahicus*），这种山羊的显著特征是脖子和肩膀上覆盖着鬃毛。这里的食肉动物包括亚洲黑熊（*Selenarctos thibetanus*）和体形娇小、长着淡黄褐色毛发的小熊猫。

公园内已被明确记载的鸟类达上百种，它们在森林中振翅飞翔，也能够飞越喜马拉雅山脉的最高峰。然而，试图在这里见到行走在地面上的动物可不容易，尤其是哺乳动物。

萨加玛塔国家公园的主要魅力在于它那庄严壮丽的风景。公园内最大的冰川——朗喀巴冰川、恩喀宗巴冰川、昆布冰川和岛峰冰川与群山相伴，展现了一派壮丽的景致。然而，由于气候的原因，萨加玛塔国家公园并非全年开放。夏天，从6月到9月，季风使得任何活动都难以进行，要攀登较高海拔的山峰更是困难重重。这里的冬天也非常寒冷。于是，一年中只剩下春、秋两季适合旅游，特别是在温度宜人的春天。

Joshin'etsukogen National Park

上信越高原国家公园

日本

根据日本神话，山是个最好别去打扰的地方，尤其是在冰天雪地的冬日，否则会有遭遇超自然生灵的危险。它们并非都是善类，雪女会用天仙般的美貌迷惑不幸的旅人，然后再用暴风雪把他带走；河童恶毒又残忍；而天狗面目狰狞且邪恶可怕。不论它们是否真实存在，这些神秘的生灵在保护自然风景方面仍然扮演着相当重要的角色，它们的恐怖形象根深蒂固，令掠夺者望而却步，从而使几片森林得以完好无损地保存至今。

在日本这个人口稠密的国家，几个世纪以来，木材一直是最主要的甚至是唯一的建筑材料。频繁的地震、台

P58
志贺高原染上秋天的色彩时，猕猴们会爬上高高的树枝享受最后几天的温暖，此时此地的阳光是最强烈的。

P59 上
得益于火山地貌的作用，上信越高原国立公园内有大量的温泉。这里的猕猴喜爱戏水，温暖的水可使它们在严冬中摆脱寒冷，获得真正的舒缓，并且为它们提供了消遣和社交的机会。

风、滑坡和其他自然灾害使得建筑活动几乎无休无止。1949年，政府决心用新的形式来守护人们所敬仰的富有神话色彩的圣山——上信越高原国家公园建立了。如今，这个公园面积约1482平方千米，涵盖了日本最壮丽的高山，其中包括黑姬山。公园的中央部分，志贺高原，已经被联合国教科文组织宣布为生物圈保护区。上信越高原国家公园内有着海拔高且十分美丽的山脉。然而，尽管公园地处偏远，但受到的威胁却无处不在。1998年的冬季奥运会就是在附近的度假胜地长野县举行的，不难想象如此盛大的活动会对环境造成多大的影响。环保人士正密切关注蜂拥而至的城市人口所带来的日渐严重的环保威胁，而公园离东京只有200千米，由这个繁华的国际大都市向四面八方蔓延的基础设施，也对保护区造成了巨大影响。上信越高原当然值得人们以最大的决心去保护，不仅仅是因为它那壮美的山脉景观（山脉间点缀着70个小

P59 下
猕猴注视着摄影师的眼睛。在猕猴的行为语言中，与占统治地位的动物对视是一种非常严重的侮辱，有时会因此遭受暴力攻击惩罚。

P60-61
水和雪并没有阻止这些年轻猕猴们肆意挥洒精力的热情。它们一心一意地投入战斗，从各个方面模拟成年猕猴的冲突，从而取得阶层群体中的合法地位。

P60 下
当小猕猴耳朵里有小虫时，它的姐姐会帮忙清除，其温柔程度令人类都感到惊讶。

P61 上
厚厚的毛皮可以让猕猴免受冬天的酷寒之苦，而且还可以作为在森林中的伪装。猕猴的红鼻子是它标志性的特征，通常可以显示猕猴的健康和情绪状态。

P61 中
这个看起来不规则的毛茸茸的雪球，其实是一只猕猴正忙着用一大把新鲜的雪止渴。

湖泊，其中的谷川岳是其中最美丽的），也不仅仅是因为浅间山和白根山这两座充满着原始野性的活火山，还因为那里有无数的温泉，带给人们愉悦和惬意。

人们之所以对这个迷人的度假胜地感兴趣，最主要的原因还在于那里最典型的居民：数量众多的日本猕猴（*Macaca fuscata*）。在覆盖着皑皑白雪的山坡上发现猴子是非常令人吃惊的，我们常常习惯性地将这些猕猴和温暖地区联系在一起。不同的是，生活在这里的猕猴适应了酷寒的气候，在冬天，这里的温度甚至会低到零下10℃。除了人类以外，猕猴是分布最广泛的灵长类动物。它们有着比生活在热带的表亲更厚的毛皮和更强健的体格，且集中出生在温暖的春天。无论

对于动物学家来说，还是对于行为心理学家来说，这些猴子都给他们带来了源源不断的惊喜。

这些猕猴是自1953年开始受到人们关注的。当时有人发现这个物种具有从其他同伴的行为中学习的能力（而这项能力曾一度被认为是人类特有的）。在幸岛，有一只名叫摩亚的母猴把甘薯放在海水中洗净然后再吃，不久后，整个猴群都学会了这种聪明的做法。在离志贺高原不远的热门温泉度假胜地地狱谷的野猿公苑里栖息着一群猕猴，它们在研究者的悉心观察下自由自在地生活着。它们表现出了典型的灵长类动物行为，例如梳理毛发（同一族群的成员会体贴地为彼此抓跳蚤，这一行为在加强家庭关系方面上的作用远超过实际的保健需要），以及有组织性的集体行动（令人联想到军事上的分遣队和族群中的阶层角色）。它们的表现远远超出科学家的预测，至于那些行为，我们从前会毫不犹豫地将其定义为人类特有的行为。如果摩亚的例子不能被解释为具有人类的特性，那么还有别的解释吗？

有一只生活在地狱谷野猿公苑的母猴，生下来就缺手缺脚。在适者生存的自然法则下，像这种有缺陷的动物很难存活下去。然而，群体的团结不但使这只猕猴（它甚至连爬树的能力都没有）活了下来，它甚至还繁衍了后代。研究者在这种行为里看到了道德的原始形态，显然，“道德”并不是我们人类这个物种独有的行为。猕猴的其他行为也显示它们在追求高贵方面并不输给人类，例如猕猴已经学会堆积巨大的雪球，然后依序坐在雪球上面来表示它们在群体中的阶级划分：“王座”越高，表示声望越高。它们也像人类一样追求舒适的生活，比如喜欢在火山温泉中嬉戏或悠闲地打发时光。猕猴吸引了全世界爱好者们观察的目光。只要人类不直接与它们对视，这些猴子可以容许人类的存在；否则它们会生气地龇牙咧嘴，露出长长的犬齿向人示威。显然，猕猴的类人类天赋中缺乏的是耐性。

P61 下
这只猕猴正在兴致勃勃地建立自己的雪堆王座，王座越高越好。那将是它在阶级组织中的权力和地位的象征，并且可以让它俯视底下的同伴。

Komodo National Park

科莫多国家公园

印度尼西亚

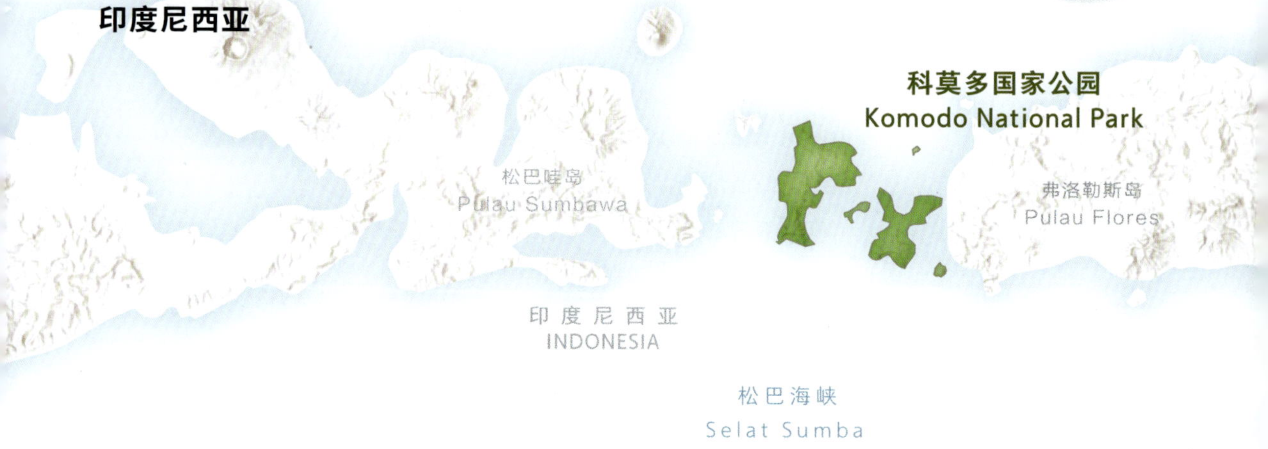

在印度尼西亚南部，松巴哇岛和弗洛勒斯岛之间的一个小群岛上，时间好像定格在了中生代。大自然不仅赋予了这些岛屿常年温润宜人且雨量适宜的气候，还馈赠了果冻般透明的海水和梦幻的海滩，以及无比丰富的水生生物。岛上的居民有着热情好客的悠久传统。尤其值得一提的是，这里有一种独特的动物，这趟旅行只要能够见到它就绝对不虚此行。这个与众不同的乐园就是科莫多国家公园。

很久以前人们就充分意识到了岛上的风景独一无二，值得人类将其保护起来以留存后世。事实上，这个区

P62 上
一只贪凉的巨蜥找到了一处小水滩。尽管它体形庞大，但仍不失为一名游泳健将，它那强健的尾巴就是最好的助推器。

P62 下
科莫多岛上有十来处淡水水源，在那里，你可以重新恢复精神。然而，你如果乍一看把巨蜥误认成漂浮的树干，那可就不明智了！

P63 上
两艘典型的钓鱼舢板准备在帕达尔岛新月形的海滩登陆。这里的海流变化莫测，岛屿之间的航程可能需要好几天。

P63 下左
丰沛的雨水和热带气候孕育了各种形状、各种气味的花朵。

P63 下右
浓密的热带森林对于生活在这座岛上的科莫多巨蜥来说是个理想的住所。

域早在1938年就成了保护区，但直到1980年才正式成立国家公园。公园管理局成立以后，一直与自然保护委员会和印尼政府紧密合作，尽最大努力为这个区域的管理和发展制定规划，他们采取的方式既符合生态学的原理，又尊重当地居民的风俗习惯和生活需求。同时，整个国际社会也充分认可科莫多国家公园的重要性，并宣布科莫多国家公园为人类和生物圈保护区，将其列入了《世界遗产名录》。

这座公园的总面积为1733平方千米，其中陆地面积约585平方千米，包括科莫多岛、林卡岛和帕达尔岛这三座主要岛屿以及周围一些较小的其他群岛。公园还包括面积广阔的海域。这里的

P64-65
这看起来像极了电影《侏罗纪公园》里的场景。然而，这几只正要从淡水边离开的巨大生物，全然不像是数码化的影像，它可是活生生的科莫多巨蜥。

P64 下
图片展示了色彩渐变的、透明的科莫多的水域。这里主要的岛屿和周边的小岛上都环绕着珊瑚礁。不难想象在群岛附近潜水寻找珊瑚礁的人会有什么样的惊喜，那简直是一个无人的奇美世界。

P65 上
清晨，长长的影子伸展在海滩上，一只孤独的巨蜥正在用它那分叉的长舌享受含盐的淤积物。不久后，随之而来的高温将迫使它躲入森林的阴凉处。

P65 上中
1910年荷兰猎人奥德恭送给爪哇茂物博物馆几张从土著那里买来的兽皮，那时候西方世界才知道有这种远古生物——科莫多巨蜥的存在。受到当时典型的耸人听闻的传说影响，报纸上形容它为“12米长的怪物”，事实上，最大的科莫多巨蜥体长也不过4米。

海洋生态系统十分脆弱，最容易受到人类活动影响的威胁，也最需要环保主义者介入。

这些群岛是由火山作用形成的，岛上的丘陵通常看起来颜色很深，相对而言有些光秃，点缀着些细长的糖棕树和酸豆树。但是，随着季风带来的暴雨降临，岛上很快就会变得苍翠茂盛。根据2010年人口普查，科莫多村有约1500名居民。目前公园内居住的总人口约3300人。科莫多岛的人口由不同的族群组成，他们非常和谐地生活在这里，甚至从职业专长方面来看，也是完美的组合。生活在龙目

岛和比马的人世世代代从商，而从事像教师这样的公职工作的人则大多出生于芒加莱；大部分巴瑶族和科莫多族的居民都从事渔业，这是这个区域最重要的经济来源，但对公园脆弱的生态平衡构成了极大的威胁。

代代相传的传统捕鱼方法（如用网捕乌贼，用竹笼捕鲉，自由潜水或浮潜采集贝母）已经与珊瑚礁和平共处了数千年，也使得珊瑚礁得以天然再生。然而，这些古老的方法远不如具有毁灭性的“现代”方法收益可观，比如使用炸药。公园内及公园周围的区域已有超过一半的珊瑚礁被水下爆炸击碎。

除了珊瑚礁以外，海底的其他部分似乎都被软珊瑚占据着。这种无石灰质骨架的珊瑚没有形成暗礁的能力。它们正好在那些已被破坏的珊瑚礁上蓬勃生长，但是在此栖息的物种数量远比原始珊瑚礁少。这些投机取巧的软珊瑚出现之后，严重阻碍了有造礁能力的物种再生。

P65 下中
这只蝙蝠的轮廓让我们不由得想起恐怖电影的情节。这显然对狐蝠不公平：它只吃水果，而且对植物的用处很大——它可以协助植物散播种子。

P65 下
热带动物群中有非常多的无脊椎动物，其中又以蜘蛛数量最为众多。有的蜘蛛体形很大，例如照片中的雌性蜘蛛，然而雄性蜘蛛个头就小得多。

潜水旅游业发展迅速，水下风光成为非常宝贵的资源，但是如果不谨慎地控制和管理，这一产业将对沿海栖息地造成无可挽回的扰乱和破坏。而且，观光旅游业带来了海上交通的增加和度假胜地的兴起，随之而来的污染问题甚至在几十年前还完全不为人所知。

群岛的周围，太平洋和印度洋在此汇合形成汹涌的、无法预料的激流，令人望而生畏。然而，当你勇敢地应对激流的挑战，登上这些海岛时，将有大群欢呼雀跃的孩子跑来欢迎你。如果你很幸运地遇见村长，得知他超过100岁了，可能会大吃一惊，因为在科莫多生活并不容易，而很不幸，岛上大部分居民甚至活不到40岁。岛民们必须时常对抗恶劣的环境：陆地上有毒蛇，海里有鲨鱼，还有数千种尚未被分类的昆虫，当然，还有巨蜥。

尽管世界其他地方理所当然地认为必须保护科莫多巨蜥免受人类活动的影响，但当地居民却每天都在努力将他们的孩子从严酷的环境中拯救出来。公园管理局与居民们密切合作，坚信当地人的支持至关重要。这类合

P66 上
食物的味道通常会吸引很多巨蜥，然后大家一起分享食物。它们以体形大小论阶层，拒绝让步的年轻巨蜥将可能沦为被掠食的对象。

P66 下左
巨蜥的土语名为“buaya darat”，即两栖鳄鱼。它的四肢粗壮有力，能以极快的速度爬行。为了妥善掌控自己的领地，或展现自己的强势，它有时会用后腿支撑着站起来。

P66 下右
人们会将山羊尸体，甚至是活的动物绑在竹竿上引诱科莫多巨蜥到空地上。这样做是为了迎合摄影师的需要，有时候则是为了让科莫多巨蜥不去伤害村里的孩子。

P66-67
科莫多巨蜥进餐的画面令人毛骨悚然：公巨蜥的双颚咬住猎物，猛地向后撕拉，然后大块吞下。它的胃液甚至可以消化最硬的骨头。

作主要通过向当地居民建议一些兼容且非破坏性的生产活动来运作，例如生态旅游、深海捕鱼和海洋养殖。此外，管理局还推广环境合理使用的教育项目，并对违反保护法规的人采取强制干预。

得益于这一多方面的培训和监督项目，炸药捕鱼的行为在过去五年中减少了80%，当地居民也能够在对环境影响较小的情况下迎接游客并从中受益。

公园的管理当局也正在研究考察，以探索这个生态系统令人难以置信的生物多样性。一项1995年进行的广泛研究发现，公园的海域中有近千种鱼类。这使得科莫多国家公园成为世界上鱼类群落多样性最丰富的栖息地之一。除此之外，这里还有超过250种造礁珊瑚，其中又以笙珊瑚（*Tubipora musica*）最为丰富。笙珊瑚的形状非常容易辨认，它也是使海滩呈现出与众不同的粉红色的主要原因。珊瑚礁上还生长着约70种海绵。由于此处的暗礁经常受到强烈洋流冲击，因此礁上的结壳生物占多数。这些洋流富含营养物质和浮游生物，因而造就了这个栖息地丰富的生物多样性。

在群岛周边的水域中，你经常可以看到友善的海豚成群地游来游去，有时候还可以看到鲸，因为它们的迁徙路线非常靠近科莫多岛。大型海龟在公园的水域中也随处可见，如绿海龟和玳瑁；它们长着美丽的壳，肉质可口，以致遭受频繁猎捕而濒临灭绝，而幸运的是，科莫多国家公园是块宁静的宝地。

在这里，玳瑁在沙滩上繁殖，当蛋孵化时，就会有许许多多的小玳瑁笨拙地爬向大海。但在远离海岸的地区，小海龟和肥胖的野猪一样有着共同的敌人，它们的主要敌人是谁呢？那就是科莫多巨蜥。作为岛上最大的掠食者，这些恐龙的后代给那些希望重温数百万年前时空的游客提供了绝佳的机会。它们是巨蜥科中体形最大的成员，也是这座小岛的主人。在公园内，科莫多巨蜥的数量几乎和人类一样多，大约有3150只。

虽然散布于印尼各地的科莫多巨蜥都受到保护，但实际上，栖息在科莫多国家公园里的巨蜥数量是最多的。巨蜥体长将近4米，体重超过130千克。由于食量可观，任何比它小的动物都成了它的猎物。这种巨大的动物寿命长达百年，“科莫多龙”（西方传说中的龙，而非东方传说中的龙）这一别名当然实至名归。它并不会喷火，但是它那分叉的舌头会不断地吐出来，这是巨蜥侦测领土气味的特殊装置。气味分子落在它的舌上之后，嘴巴内的特殊器官会对这些分子加以分析，以获取有关猎物、潜在同伴，以及好奇的游客们的讯息。当地森林地区的居民经常用山羊和猪的尸体引诱科莫多巨蜥到瞭望点。巨蜥虽是老练的猎食者，但是它也不会拒绝免费的大餐，因此所有观众都有机会看到想象中的恐龙时代史前巨兽进食的场景。经历过上述刺激的场面之后，我们或许需要在温暖安全的玫瑰色海滩上放松一下；科莫多国家公园正是最适合的地方，当然，它同样需要所有准备到这个绝美天堂好好享受一番的游客们给予它足够的关注和尊重。

Danum Valley Conservation Area

丹浓谷保护区

马来西亚

P68
塞加马河沿岸有一片特别茂盛的热带雨林，从研究中心附近的吊桥上可以饱览这片雨林的苍翠。

P69 上
覆盖丹浓谷低地的雨林在晨雾中若隐若现，约12米高的龙脑香科树木最先沐浴到早上的阳光。

P69 中
野香蕉树花朵为这只美丽的小鸟提供了可口的点心，这种小鸟号称“戴眼镜的”蜘蛛杀手，它的眼睛周围镶着艳丽的黄边。

P69 下
大花草（又称大王花）是世界上最大的花，但是它们的味道特别难闻。大花草的主要授粉媒介是食腐蝇。为了吸引它们，大花草能散发出腐尸般的恶臭。

加里曼丹岛又称婆罗洲，是一个面积居世界第三的大岛，它几乎完全被层层茂密的雨林覆盖，要在里面探险极为艰难。我们不得不承认，加里曼丹岛的确是冒险小说的理想素材。大量引人入胜的故事早已在我们童年的心灵中营造出了一个神秘王国：凶猛的砍人头的达雅克人、吃人的猛虎、背挎弯刀寻找黄金的冒险家，以及为对抗西方强权而奋斗的骄傲的原住民，而这些西方统治者无法理解环境与所有生物之间必须存在的平衡关系。

今天的加里曼丹岛分属于三个国家：印度尼西亚、文莱和马来西亚，其中属于马来西亚的部分又分为沙捞越州和沙巴州。沙巴州位于这座岛的最北边，丹浓谷保护区就位于这里，距离海滨

小镇拿笃大约70千米。这个既特别又几乎不为人知的地方的确值得拜访，其中最主要的原因，无疑是在这里，人们有机会看到未被人类干扰的世界的模样。丹浓谷保护区占地面积约438平方千米，这里生长着有6000万年历史的热带雨林。科学家恰如其分地将它定义为“地球生命的最佳陈列馆”。在这里，萦绕在我们周围的是洋溢着生命激情的完美而又和谐的气息。

如果说人类最显著的一个特征是对知识的渴求，尤其是对解密大自然的渴望，那么丹浓谷保护区正是一个挑战。要想把这个丛林里的所有生物进行科学分类，我们尚需加倍努力。无论如何，我们获取知识的速度远比进化产生新物种的速度要慢。所以那些想要留名史册的生物学家，应该在丹浓谷细心观察大大小小的昆虫。这里的研究中心可以同时招待12位研究者，如果运气好的话，科学家甚至可能在这里发现尚未被分类描述的

第二章

欧洲 EUROPE

人们常用“旧大陆”来形容欧洲大陆，这一传统称呼非常恰当，它强调了这块大陆的主要特征——由来已久。大自然馈赠的温和的气候和肥沃的土壤，使欧洲成为适合人类繁衍生息的地方，进而孕育出多姿多彩的人类文明。在欧洲各地旅行的人们常常醉心于它的文化底蕴和历史珍藏，然而这块大陆亦是自然美景的大本营，它所拥有的秀丽风光在地球上是独一无二的。无论是亚洲的沙漠、非洲的大草原，还是美洲的山脉，在游历过遥远国度的欧洲人所讲述的故事中，似乎总能生动地描述出一些广袤的异域风光。然而在欧洲，一切景观似乎都是袖珍型的。在短短数百千米的距离之内，我们能领略到从温暖芬芳的地中海沿岸到海拔超4000米的阿尔卑斯高山盛景，这里有备受大西洋的海风侵袭、借洋流之手塑形的漫长海岸，也有生气勃勃、绵延起伏的内陆平原，密集的农业耕地星罗棋布，历史悠久的城市点缀其中。在冰岛，火山顶上会覆盖着冰雪；而在地中海，景观则完全不同，火山上则生长着柑橘树。地震近在咫尺，提醒着我们：欧洲

P72 左
英国湖区国家公园内，一条小路与豪斯湖相汇。这里绝非蛮荒之地，自然环境和人类活动在这里达到了一个良好的平衡。

P72 中
一只小赤狐在探索它周围的世界。赤狐分布在欧洲大陆各处，属于常见动物之一，能够适应各种的环境。它们生活在人类附近，但不会轻易被人类发现。

P72 右
在欧洲，受人类活动的负面影响最大的物种之一是棕熊。它们现在已是受隔离保护的物种，幸存的大部分棕熊都生活在保护区内。

大陆仍是一个充满生机的“老太太”，她内生的地质活动仍然十分活跃，持续推动着这块大陆的演变。白垩纪时期形成的山脉至今仍在生长，喷吐出具有世界意义的化石遗产，显现出其原始的海底起源。大大小小的湖泊或星罗棋布，或依偎在峰峦之间，告诉我们曾经的冰川分布远比现在广阔得多。

不过，欧洲自然景色的共同点其实是海洋：在这个镶嵌着无数岛屿、半岛、地峡和峡湾的大陆上，最多前进600千米你便能到达大海。当然，与冰冷的北海相比，平静而温暖的地中海有着别样的魅力；同样，受北大西洋环流影响的大西洋沿岸，其动植物群落与那些没

P73 上
欧洲的许多山区已被保护了起来，因此显得比较荒凉。但细心的游客还是能发现人类的痕迹，譬如为了开拓畜牧地而被压缩的森林。图中是大帕拉迪索山的雷姆谷。

P73 下
意大利瓦农泰，大帕拉迪索国家公园。秋天里落叶松的颜色是阿尔卑斯山脉乃至欧洲最美丽的自然景观之一。

有受到洋流影响的地区截然不同。无论如何，大海和缓的塑形作用在欧洲的最东部悄然停止，在那里，生态系统的主角是森林和草原。

数万年来，欧洲是无数文明的摇篮，每一种文明都有其独特的世界观和自然观。古罗马人信奉“自然界应被改造、驯服以为人类服务”，在这一理念下，他们所兴建的土木工程的体量至今令我们感到震惊。例如，在公元前2世纪，为了恢复和开发意大利中部宝贵的农业用地，当时的执政官库里乌斯·登塔图斯下令将韦利诺河改道，因此造就了壮观的马尔莫雷瀑布，这也是欧洲最高的人工瀑布。北方凯尔特人的态度则完全相反，因为他们所信奉的德鲁伊教追求的是人类与自然和谐相处。

所有这些影响都成了现代欧洲“基因”的一部分。现在，我们必须对过去数千年来环境开发造成的影响加以评估，包括在一个很小但极其多元化的区域中广泛且日益集中的人类活动的影响。值得庆幸的是，欧洲人意识到了周围环境已经非常脆弱的事实。早在1909年，第一批欧洲国家公园就已建设完成，但在此之前，人们就已经开始保护一些在环境方面有特殊意义的区域，不过这些区域在某种程度上可以被称为“私有财产”，因为它们多半是皇家领地或狩猎区。

如今，这片大陆有理由自称为拥有最具远见和最精确的生态政治立法地区之一。欧洲的环境管理必须将几个关键点相互连接：濒临灭绝的物种往往与过度开发的物种共存，它们需要在有效的控制下加以保护。目前，欧洲大部分的动植物栖息地都处于退化状态，亟须恢复；而对于为数不多仍完好无损的地区也必须精心管理，因为它们规模太小，无法独立存在，只有各地区相互交

P74-75
阿尔卑斯山脉是欧洲最高大的山脉，其中仍有许多保存完好的区域。两只年轻的雄性岩羚羊在雪地里互相追逐，尽情撒欢。

P75 上
象征着力量和决心的金雕翱翔于欧洲的天空。人们能够欣赏到它那令人印象深刻的雄姿，部分得归功于为了保护它而采取的种种措施。

P75 中
两只雄性黑琴鸡（俗称山雉）为了博得异性的青睐，在这特别的竞技场中一决高下。这些区域对这些鸟儿来说特别重要，必须小心加以保护。

P75 下
春天，山间白雪仍处处可见，恰逢繁殖季节，一只雄性黑琴鸡大展雄姿。

流，形成一个有组织的、真正有生命的景观网络，才能触发生态系统的自我修复机制，在这其中，起决定性作用的主要方式就是建立保护区。欧洲的保护区有许多特别之处，比如这里的国家公园允许在特定范围内耕作，园区里甚至有大面积的村落，这一点常令到访的游客感到非常吃惊，而这一现象的形成有它的历史背景。在每平方千米人口密度73人的情况下（地球上密度最大的大洲），想要原模原样地保存大片区域是不现实的。因此，更有效的做法是：保留当地居民的传统活动，让他们带着对故土的眷恋，意识到自己是所生活环境的一部分（而不是对抗者），融入保护过程中。全面的保护措施可能被应用于我们心目中的那些无价之宝身上，如水獭、熊、猞猁等濒危物种，亦如湿地等脆弱的生境。欧洲的保护计划往往涉及真正的野生地区，例如典型的山区或岛屿，当然也包括沿海地区、城市郊区和有林木覆盖的山区。

Abisko National Park

阿比斯库国家公园

瑞典

P76
鼬科家族中体形最大的代表物种是貂熊。这种动物以惊人的凶猛和胆量而闻名，它甚至敢和体形大它好几倍的食肉动物搏斗。

5月底的一个清晨，阳光透过白桦树的叶子，照射在一望无垠的湖面上。这样的景色会一直持续到7月中旬，其间没有日落，也没有夜晚。这是拉普兰中心地带的自然现象。拉普兰，或者应该将这片土地称为“萨米”（Sámi），正如世代居住在这里的萨米人更乐意称呼的那样。这些原住民是活跃在欧洲北部的少数民族。从前的萨米人过着游牧生活，循着季节的规律赶着驯鹿迁徙，并逐水草而居。他们住着奇特的帐篷（lavvu），帐篷的形状看起来很像美洲印第安人的圆锥形帐篷。由于缺乏食物，饲养驯鹿已不足以维持全部生活，因此他们会从事捕鱼和制作银饰的工作，伴随着狼群的嚎叫声度过漫长的冬季。不过现在的年轻人大多投身于观光旅游业，陪伴游客探索这片广袤而空旷的土地；或从事捕鱼业，捕捉鲑等珍贵的鱼类以换取报酬。

1909年，瑞典在这里设立了阿比斯库国家公园。

P77 上
在阿比斯库国家公园里有许多河道，其中最主要的一条是阿比斯库雅卡河，它的上游河道穿行于深凹的岩石堤坝之间。

P77 下
“拉普兰之门”，从阿比斯库绵延到极昼之地，不但交通便利，而且拥有一流的旅游设施。照片中的它笼罩在一片美丽的宁静中。

这是欧洲的第一个国家公园，时至今日仍是广负盛名的游览胜地。相较于拉普兰地区的其他公园，阿比斯库国家公园交通便利，因而每年都会迎来数万人次的游客。设立阿比斯库国家公园的目的是为自然科学领域的学者和学生们建立一座研究站，这一举措也使得瑞典最有趣的地区之一免遭当地铁矿开采的破坏得以保存，供自然学家对这里的山区进行研究。

阿比斯库国家公园位于托讷湖的南岸，是基律纳—纳尔维克公路沿线的重要旅游景点。在极昼期间，这里的滑雪胜地几乎全都开放到晚上10点以后，那时的阳光会将乡间的轮廓勾勒得更为

在基律纳到阿比斯库之间，分布着半平原的贫瘠土地，这里到处点缀着弯曲的桦树。这些树因为其韧性和耐久性，曾令古人印象深刻，尤其是它那细长的树干好似拥有魔力。

清晰。公园内有阿比斯库雅卡河谷和恩朱亚峰，从山顶眺望，可以欣赏到山下的秀美湖景。公园的范围还囊括了托讷湖的部分湖岸，包括阿比斯库索洛岛，总面积达77平方千米。在抵达入湖口前，阿比斯库雅卡河会流经一个壮观的峡谷，峡谷两岸的垂直悬崖约有20米高，那里的地层揭示了这里的地质发展史。在阿比斯库雅卡河流入托讷湖而形成的河口三角洲，每年5月初到7月底是众多鸟类的筑巢期，为避免打扰它们的生活，这段时间内，该区域不对游客开放。斯堪的纳维亚山脉顶峰的海拔一般在1200～1500米，这些地区有大约1/3的地方是裸露的岩石。一旦越过峰顶，高度随即下降，满地是地衣、苔藓、矮柳树、帚石南，再往下走就是矮桦树林了。

阿比斯库国家公园以出产野生兰花而闻名——其中有些是稀有种，有些甚至是特有种，如裂唇虎舌兰（*Epipogium aphyllum*）和舌唇兰属植物（如少花舌唇兰，*Platanthera oligantha*）。当你在这里漫步时，一定有机会看见旅鼠们在互相追逐，甚至还会看到北极狐捕捉旅鼠的场景。你也可能发现狼、猞猁或好奇的貂熊的踪迹，尽管这些胆小且通常在夜间活动的动物更喜欢保持隐秘。貂熊是松貂和石貂的近亲，它经常接近人造物，如麻袋陷阱和狩猎箱，因此不太受周边居民待见。

走近湖边，你也许还会见到一只威风凛凛的麋鹿正在啃食富含矿物质的水生植物，或是常见的潜鸟一边游水一边鸣叫，你甚至可能看见罕见的雪鹑在山毛榉树丛中孵蛋。所有这些细微之处都让我们深入认识这座公园，多样的颜色、声音和气味营造出了一种宁静且奇幻的氛围，让我们忘却在其边界之外，狼的嚎叫已经被雪地摩托的轰鸣声取代。

Tatra National Park

塔特拉国家公园

波兰 斯洛伐克

塔特拉国家公园是一座跨境公园，它坐落在波兰和斯洛伐克边界，一半位于斯洛伐克境内，另一半位于波兰境内，公园内的国界线长达64千米。地跨两国的这座公园有着特殊的吸引力：它在环境和地方文化上的重要性已于1993年得到了联合国教科文组织（UNESCO）的认可，人们当时就已经明确认识到了保护这种特殊高山环境的必要性。

更新世的冰川运动造就了这里迷人的山地景观。塔特拉山长约60千米，宽约15千米，在喀尔巴阡山脉中部的众多山脉中，它并不算长。然而，塔特拉山是座

P80
湖泊是这里的典型特征之一，尤其是在高塔特拉山脉。这部分山群由不透水的岩石组成，因此没有喀斯特现象发生。

P81 上
经由远古的第四纪冰期塑造成的塔特拉山。尽管海拔不超过2500米，但它仍具有鲜明的高山风貌。

P81 下左
一只正当壮年的鹿骄傲地展示它那皇冠般的犄角。它在领土内到处搜寻，准备随时迎接“情敌”的挑战。

P81 下右
对其他动物来说，陡峭的岩壁可能会使它们身陷困境，而岩羚羊却能勇敢面对，它在崎岖地形上有超凡的活动能力。

高大的山（喀尔巴阡山脉之中最高），它的东西两边的景观因地质特性不同而差异显著。东半部是高塔特拉山脉，其大部分山体由坚硬的花岗岩组成，因风化作用，被剥蚀成崎岖的山脊和高耸的山峰。这是典型的高山地形，如最高峰格尔拉赫峰，海拔约2655米，这些山峰有着可与阿尔卑斯山脉相媲美的粗犷与壮美；西半部是塔特拉山，其山体大部分是由变质岩和石灰岩组成，常年被水溶蚀和塑形。西部山脉虽然不及东部高大，但有着深幽的峡谷和无数洞穴，神秘感十足，其中包括在这个公园里被规划得最好的景观——长约19千米、深约814米的维卡斯涅纳洞穴区。公园内共有约650处洞穴，但只有部分洞穴开放供游客参观。

如今的塔特拉山虽然不再被冰川覆盖，但在U形谷、冰碛以及冰斗处依旧可以探寻到古冰川的遗迹。这些冰斗往往被高山湖淹没，其湖水十分清澈，湖中几乎没有生物。激流、湖泊和瀑布是该地区的主要景点，但在东侧的高塔特拉山上，它们的数量更多。那里的结晶岩阻挡了流水对其下的河床的侵蚀，这一现象若是在以石灰岩为主的地区则无法避免。

塔特拉国家公园超过70%的区域被云杉林覆盖，这是由长期的人类活动造成的。为了向本地的金属冶炼厂提供所需木材，人们频繁地砍伐树木。因此，这里的森林与其他环境类似的地区不同，后者的云杉分布比较均衡。尽管如此，这里的自然景观还是呈现出因气候差异而形成的典型植被垂直带状分布：在海拔约1500米的地方，云杉林被能忍耐恶劣高山气候的扭曲灌木取代；再往上，在到达山脊和多岩石的山顶之前的更高处则布满了高山草甸。草地和岩石裸露的区域合计占了这座国家公园总面积的1/4以上，但这里显然不是一个荒凉的地方。

事实上，这里深深吸引着一些追求平静的人，他们向往一个视野开阔、可以静静冥想的地方。卡罗尔·沃伊蒂瓦（即教皇若望·保禄二世）经常拜访此地绝非偶然。

即使在看似死气沉沉的地区，细心的游客也能发现塔特拉山1000多种大型植物中的许多物种：包括高山火绒草（*Leontopodium alpinum*）和广负盛名的仙女木（*Dryas octopetala*），一

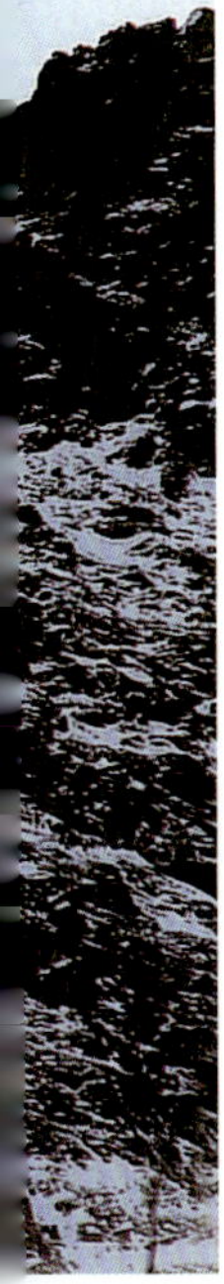

P82-83
刺骨的风卷起漫天飞雪，黑色的岩壁垂悬在即将变幻的天空之下。这幅摄影作品捕捉到了极具氛围感的一刻，热爱高山的人对它赞不绝口。

P83 上
一只对世界充满好奇的小棕熊爬上一棵杉树。成年棕熊的体重为200～600千克，能以独特的左右摇摆的步态，在地面上走来走去。

P83 下左
塔特拉山的最高点寸草不生，荒凉而永恒。高山是极适合冥想的地方。

P83 下右
这只旱獭在岩石地带安逸地伸展着肢体，以获取更多的热量。它看起来像正在打哈欠。这种啮齿类动物往往在地下挖很深的洞穴，以便舒舒服服地在里面冬眠。

种第四纪冰期的孑遗植物，它那顽强的蔓生木质茎紧紧缠绕着石灰岩，优雅的叶片覆盖其上，点缀着无数的白色花朵。在这些地方，你还可以看到塔特拉国家公园的明星物种——岩羚羊。

在斯洛伐克与波兰边界的高山上，野生动物大多是欧洲山地常见的物种，其中也包括旱獭（俗称土拨鼠），它有着憨态可掬的外形和响亮的警告哨音，成为许多徒步旅行者期待遇见的哺乳动物之一。另一个广泛分布在低海拔地区的物种是松鸡，与旱獭相比，它们就没那么容易见到了，想要观赏到这种鸟类独特的求偶展示，需要耐心、细心、运气，少不了在密林中长时间静静等待。你也可以通过参观设立在国家公园边缘的扎科帕内和塔特兰斯卡·鲁穆尼卡的博物馆来认识塔特拉山的自然风貌。博物馆只是旅游设施之一，这片欧洲最可爱的土地上还设置有山区小木屋、青年旅社，以及标示清晰的总长约772千米的步道网，等待着游客光顾。旅游业已成为波兰和斯洛伐克重要的经济来源，在兼顾旅游业的同时，他们也坚持维护由独特的建筑、传统和风俗所组成的当地文化，体现了人们与这块土地的紧密关联。

Wattenmeer National Park

瓦登海国家公园

德国

P84
一对海燕正在享受片刻的欢愉。即便是在拥挤的鸟群中，每只海燕也可以准确地找到自己的伴侣。这得归功于它们精心设计的用于识别的舞蹈动作。

P85 上
瓦登海的潮汐平原沿着北海绵延约400千米。在沙滩上发现琥珀是很常见的事。这种宝贵的树脂化石有时会包裹着生活在数百万年前的昆虫。

P85 中
蛎鹬是一种大型涉禽，但是体重并不会妨碍它正常飞行。蛎鹬在沙洲的小岛上可以结成非常庞大的族群，它们会从淤泥中觅食软体动物。

P85 下
一只翱翔的黑尾塍鹬啼叫着，这种叫声类似“哩哒—哩哒—哩哒”。黑尾塍鹬是瓦登海国家公园中另一种具有代表性的动物。

瓦登海国家公园地处典型的北海生态系统区域，由一片低洼沿海水域和大约10千米宽的泥泞的潮汐平原组成，从荷兰一直延伸到丹麦，宛如传统服饰上的蕾丝花边，装饰着德国的北部海岸。和所有湿地景观一样，只有细心的、有经验的观察者才能一眼看出它的珍贵所在，而其他人也许只看到淤泥、藻类和渺茫的经济增长前景——但这足以让他们有理由重新开发它！也许我们应该感谢那些吵闹的银鸥（*Larus argentatus*）和御风飞舞的燕鸥，成千上万只鸟儿在这里筑

巢，成功地引起了政府部门注意，让这一海洋生态学的珍宝受到关注。鸟儿们偏爱这里，许多珍稀鱼类也被吸引至此繁衍生息，这里也因此被形象而又恰当地称为“北海的托儿所”。

长久以来，瓦登海国家公园一直以保护单一群落生态环境为目标，例如早在1907年，东弗里西亚群岛中的梅默尔特岛就被宣布列为保护区。如今，这处独特的景观终于以国家公园的形式被列入保护范围，成为德国最大的国家公园。这得归功于汉堡市、西边的下萨克森州以及东北部的石勒苏益格-荷尔斯泰因州等地区政府的远见卓识。1985年，这些城市通过设立专门的行政法案，将这一遗产交付给子孙后代。20世纪90年代初期，联合国教科文组织明确指出瓦登海各区段的独特性和生态重要性，宣布其成为

P86-87
这些海豹有着很高的警惕性，但大多时候它们都很慵懒。图片中的它们正在退潮后露出的海岸上晒太阳。

P86 下
蛎鹬飞行非常敏捷。为了抓鱼，它保持双翅展开的姿势，在狂风大作的天空悬停，以便在俯冲前测量好距离。

P87 上
与大多数的鸭子不同，翘鼻麻鸭飞行时缓慢地拍打着翅膀，就像鹅一样。照片中这只是雄性：辨认的依据是它嘴巴上红色的突起部分。

P87 下
北海冰冷的海水丝毫也奈何不了这些新生的翘鼻麻鸭，它们呈一路纵队紧随在父母身后。这里位于安徒生故乡的附近。考考你：你能在这些小翘鼻麻鸭之中指出一只“丑小鸭”吗？

“生物圈保护区”。自1992年起，这里被《拉姆萨尔公约》（*Ramsar Convention*）列为国际重要湿地。1999年，公园进一步提高了在环境保护方面的重视程度：石勒苏益格-荷尔斯泰因州议会采取行动，将叙尔特岛和阿姆鲁姆岛周围的水域划为海洋保护区，以保护小型鲸类动物，特别是在这些海岸生活和繁衍的鼠海豚（*Phocoena phocoena*）。这是欧洲第一个真正专为保护小型

鲸类而设立的保护区，其保护措施包括严禁摩托艇、工业捕鱼以及所有其他可能会打扰到这些活泼但脆弱的鲸类的人类行为。

尽管瓦登海的海水寒冷，但它仍然是地球上最多产的动植物栖息地之一。望着数量如此庞大、种类如此众多的生物在这里繁衍生息，我们不禁要相信神话里用泥土创造生命的传说。在这里，北海接纳着几条流量稳定的河流，包括易北河、韦伯河和埃姆斯河。

由几条河流塑造的锯齿状的海岸线、盐田、半淹没的海滩，以及随着海潮的涨落时隐时现的沙岛，形成了错落有致的景观，常成为海豹、小型鲸类、群聚的燕鸥和其他海鸟以及湿地鸟类的庇护所。

这里的每一处——包括那些年代久远的遗迹似乎都在提醒我们，人类已不再主宰这个自然角落。在易北河河口植被茂盛的诺伊韦克岛上，我们至今仍然可以看到中世纪时汉堡市为抵御海盗入侵修筑的防御工事，且这里还是绝佳的观鸟点。如果坐上马车缓缓前行，你将感受到这里所有的静谧与诗意，小心翼翼地徒步穿过海滩和潮汐平原，你会更容易接近鸟儿的栖息地，仔细看，说不定还会在泥淖中发现闪烁的琥珀呢！

Bayerischer Wald National Park

拜恩林山国家公园

德国

在慕尼黑附近，车水马龙的欧洲中心地区，有一处隐藏的宝藏。只有了解拜恩林山的人才会发现这份惊喜。这里是一片未被破坏的原始森林残余，在人类聚居于此之前，那些森林曾覆盖了整片大陆。在这里，人们不禁会忘记文明的喧嚣，转而想象祖先当年在这里狩猎野猪和鹿的情景。如今，原始森林曾有的各种生态类型只剩下寥寥几处得以保存。其中有一片占地约130平方千米的区域被列入国家公园的保护区域，它是占地多达2023平方千米的波希米亚林山的一部分，整片林山的范围一直延伸到捷克共和国境内。

P88
鬼鸮是拜恩林山中难以捉摸的夜行动物之一。它在树洞中筑巢，并且更喜欢使用那些由欧洲最大的啄木鸟——黑啄木鸟啄出后又遗弃的树洞。

P89 上
一望无际的树林里点缀着沼泽地、山脉和河道。这里就是拜恩林山，欧洲为数不多的原生态森林之一。在这里，大自然不受人类活动干扰，按其本身运行规律发展。

乍一看，拜恩林山似乎有几分单调，但事实上这是个变化多样的小世界，其地势一直往上攀升，最高点可至大拉赫尔峰。在短短几千米的路程中，你就可以遇到那些通常只有从欧洲中部长途旅行到欧洲极北地区才能见到的气候和植被。

这座国家公园的管理目标是最大限度地保留自然植被。因此，在最宝贵的森林地区，例如拉赫尔湖附近，近一个世纪以来没有人移动过哪怕一根枯木。这对拜恩林山的生物群落非常重要，因为植被的腐烂分解是食物链的基础，而食物链的正常循环保证了栖息在这座公园里

P89 中
在拜恩林山里，森林依着自己的节奏自然更替。没有人类的直接干预，林下灌丛生长茂盛，蕨类丛生。

P89 下
两头雄鹿对峙决斗，比的是力量和技巧，目的在于强迫对手撤退并投降。大多数时候，失败者的伤势并不严重，胜利者将获得交配繁殖权。

P90 上
一只年轻的雌性猞猁。这种如今罕见的食肉动物主要以小型哺乳动物（体形最多只有兔子那么大）和鸟类为食。它是技艺高超的狩猎者，多半在黄昏时分出没。

P90 下左
棕熊的力量和耐性总是令人惊叹和佩服。广泛使用熊作为徽章图案就是最好的证明。

P90 下右
在拉赫尔湖附近，针叶树与阔叶树混交的树林是拜恩林山国家公园中保存最完好的森林。秋天，林区的色调变幻无穷，让所有乐于欣赏自然之美的人沉醉其中。

P90-91
在19—20世纪的欧洲，猞猁一度被误认为是不祥的动物，几乎被赶尽杀绝。这种猫科动物习惯隐居，一般不易被发现。

的物种的生存。因此，在这里看见腐朽的树干是常有的事——有的倒在地上，有的仍然顽强地向着天空伸展。树干上常出现坚硬的灰色真菌，它们有可能会导致植物死亡。但这绝不是森林正在遭受折磨，反而是森林不断再生的表征。柔软、腐烂的木头为各种昆虫提供了生长发育所需的营养，这些昆虫又成为许多动物如啄木鸟的食物。啄木鸟在古老的树干上啄洞，不仅是在搜寻食物，而且也是在筑巢。当啄木鸟遗弃这些洞穴时，其他动物就会住进去；这些动物（包括猫头鹰在内）往往不擅长挖凿木头。新的房客们并不会随意找一个洞穴就住进去，它们会根据洞穴的大小和形状，选择特定种类的啄木鸟所啄的洞。例如，鬼鸮就偏爱欧洲最大的啄木鸟——黑啄木鸟啄出的树洞。

苔藓织就精美地毯，地衣妆成美丽窗幔——这里是宛若童话世界的森林。为了保护矮树丛的完整，游客只能在有特定路标的步道上前行探访拜恩林山。如果不这样做的话，每年蜂拥而至的游客将对这座森林造成难以估量的损害。并且，从另一方面看，这条长达200千米的步道无疑是与森林近距离接触的绝佳路径。公园里设施完善，为游客提供了资讯板、图书馆、游戏区和儿童主题大道，人们在这里能真正探悉到当代欧洲大陆中已经十分罕见的生态环境，并充分意识到它的重要性。

公园里大部分区域覆盖着山毛榉、银杉和云杉。浓密的森林中生长着各种树龄的树木，林间空地则铺满了色调浓淡不一的青苔，再加上各种林下灌木丛，形成了一幅色彩缤纷的画作，为拜

恩林山的荒野地带赋予了特有的魅力。每次更近一步欣赏它，都会收获不同的视觉印象和灵感。

在公园的动植物栖息地当中，最有趣的生境之一是泥炭沼泽。在那里，积水减缓了枯枝败叶腐烂的速度。独特且微小的植物在这里生长，它们能适应强酸性的土壤。

我们在这里也发现了大型掠食者：狼、猞猁和熊。这些曾经在这片森林里大量存在的物种，如今只有在人为保护下才能存活下来。尽管存在抗议和不一致的意见，公园的管理者还是决定在广阔的封闭区域内以半圈养的形式安置这些大型动物，游客也可以通过望远镜远远地观察它们。

这样做是为了人为创造一个旅游景点，同时也能避免游客为了追求偶遇而徒步穿越森林，还能减少因游客过度拥挤而对森林造成的损害。这些人造景观即使在冬天也值得参观。

拜恩林山的这片森林是一个神秘的地方。几个世纪以来，其独特的景观类型激发了人类无数的灵感，进而创造出诸多传说和故事。德雷塞尔山顶有三堆扁平的石头，分别被称为拜恩、波希米亚和奥地利三位国王的传奇宝座，国王们曾将这里定义为各自王国边界的交汇点。毕竟，德雷塞尔这个名词的意思就是“三把椅子”，而德国、奥地利和捷克共和国三国的边界确实在这里相接了。我们完全可以想象，古代的国王们从高高的宝座上，俯瞰如今他们的后代为了保护拜恩林山所做的一切，必定会感到骄傲。

在拜恩林山中经常可以看到断裂的树干，腐烂后的树干为林地提供了养分。这种缓慢的更新循环，为神奇美丽的森林带来新的生机。

Lake District National Park

湖区国家公园

英国

在湖区国家公园平缓的山丘上散步会发现什么呢？这得视情况而定。绵延的草地、山丘、湖泊，还有古老的农场、白色小径……一路上异彩纷呈，弥漫着浪漫气息，能够唤起人们种种美好的情绪——从宁静安详到兴高采烈，不胜枚举。

1951年，湖区国家公园正式设立，但早在很久以前，人们就发现了这里的发展潜力。早在公元前1500年，古凯尔特人就在湖区建造了一座主要城镇，这里曾是繁华的石斧生产中心，当时生产的石斧经由海路运输到马恩岛。直到今天，人们在凯西克仍然可以看到卡斯尔里格石阵的遗迹——由石头围成的直径35米的圆圈，这不禁使人联想到更著名的史前巨石阵，并由此推测，这里可能是重要的朝圣地之一。

从前，湖区的居民大多是牧羊人；如今，山丘上仍然遍布着白色的绵羊和小羊羔。但是自20世纪初以

P94 上
一只游隼正在巡视领地，就像来自城堡顶端的领主一样。任何猎物几乎都不可能逃脱它闪电般的袭击。

P94 下
水獭是一种非常活跃和贪玩的动物。这只水獭正准备稍作休息，以便待会儿潜回水中，那里才是它行动最自如的地方。

P95 上
从布莱克里戈远眺湖区景观。克拉莫克湖倒映着湛蓝的天空，犹如凯尔特神话里仙女的魔镜。

P95 下
这张照片拍摄于阿尔斯沃特湖的岸边。阿尔斯沃特湖是华兹华斯最喜爱的一个湖，他认为这个湖的大小和位置达到了完美的平衡。

来，羊毛工业已逐渐衰落。最长处约17千米的温德米尔湖是湖区最大、最受游客青睐的湖，在它的岸边，曾经的羊毛厂现在成了工业考古博物馆。

板岩开采业极大地促进了这个地区的繁荣：湖区国家公园里灰绿色屋顶的房子，毋庸置疑地为这里营造出一种“恒久”的氛围，使这个地方显得尤为独特。尽管板岩加工如今只用来生产纪念品，但这门古老的手艺从未被人们遗弃。

人们可能会觉得奇怪：一个保护区里怎么会有如此喧嚣的人类活动呢？事实上，湖区是一个非常特别的国家公园，因为园内土地几乎全都是私人财产：自古以来，交错的农场和庄园以一种资源开发

利用的方式保存着这片土地独有的魔力。新石器时代曾经覆盖整个地区的原始森林，如今几乎荡然无存。树林早已被草原和牧场取代，成了今天这片景区内的主要景观，令人心旷神怡。沉浸在点缀着湖泊的宁静乡村中，人们可以感受到大自然的魅力，而且不用担心会突然遇见在其他地区可能存在的迷人但往往极度危险的动物。正因如此，湖区为所有喜欢乡间漫步的人们奉上了令人心醉神迷的美景。

稍专业的登山者可以挑战海拔978米的英格兰第一高峰——斯科费尔峰。在晴朗的日子里，在斯科费尔峰峰顶可以将整个湖区的惊艳美景尽收眼底，甚至还可以清楚地辨认出威尔士的最高峰——斯诺登山。更加注重传统的人可以在山坡上跑上跑下，重温古凯尔特人喜爱的“山地跑”，消磨时光；而比较拘谨的游客可以尝试体验搭乘刺激的“高山雪羊”。“高山雪羊”是湖区公园里的白色小巴士，行驶在公园的每一条路上，由经验丰富的司机驾驶，司机可以面不改色地挑战斜度超过25%的山坡。

这里风景宜人，当地居民热诚又好客，这就不难解释为何来这座公园游览的游客如此之多。它是英格兰最大的公园，面积约2362平方千米，每年接待游客达数千万人次！

湖区曾经有位优秀的赞助人：杰出诗人威廉·华兹华斯。他在1835年编撰了一本《湖区导览》（*A Guide Through the District of Lakes*）。这本实用、准确的观光指南洋溢着对湖区的喜爱与赞美，让人觉得如果没有“坐在斯科费尔峰和大盖博山之间的云端”，欣赏大大小小、形状各异、辐射四方的湖泊，将是件十分遗憾的事。华兹华斯最钟情的是阿尔斯沃特湖，这是湖区东边众多的狭长湖泊之一，四周被格伦代恩森林所环绕。秋天，火红的树叶映在湖面上，为湖水

染上梦幻的色彩，形成一种无与伦比的氛围。华兹华斯对湖区非常熟悉，他在这里度过了青年时代，不仅如此，在结束欧洲大陆游学之旅后，他决定在这里安家。他在这里并不孤单，诗人塞缪尔·泰勒·柯勒律治和托马斯·德昆西都曾住在莱达尔，那里离“鸽舍”（华兹华斯第一个简朴的住宅）很近。在这儿，孩子们的房间里糊着的报纸见证了华兹华斯被授予桂冠诗人头衔之前的那个艰难的时代。这就是湖区的魅力，它是英国浪漫主义诗人心中真正的缪斯。

湖区慷慨地向作家们赐予了美丽、宁静和灵感，作家们也盛情回报了湖区。事实上，如果今天这片迷人的土地在未来几代人的手中仍能维持原貌并被保护起来，免遭衰退的命运，那么，我们应当感谢一位作家的贡献——毕翠克丝·波特。1866年，毕翠克丝·波特出生在烟雾弥漫的伦敦，年幼的毕翠克丝最幸福的时光便是那些徜徉在湖区的漫长假期。于是，成年后她决定搬到这里定居。她用自己的文学想象力和绘画天赋将公园里的小小野生动物塑造成生动、感人的童话角色，如著名的彼得兔，这些动人的故事让一代又一代的孩子们着迷。湖区国家公园的第一片区域由毕翠克丝捐赠给国家信托公司的15处农场组成，这一非凡的举动让我们认识到，这块迷人的土地能够激发出多少热情和爱。

如此富有诗意而又平易近人的美景世间罕有，而这些美景又集中在一个空间有限的梦幻世界中，实在令人感叹。因此，假如你有机会展开一次英伦之旅，不要忘记拜访湖区国家公园。毫无疑问，即便是最冷漠、最忙碌的生意人，在这里也会自然而然地放慢脚步，与华兹华斯一同感受：“……于是我的心涨满幸福/和水仙花一同翩翩起舞。”

P96-97
豪斯湖静卧在山峦之中。“Tarn”指高山湖，源自古凯尔特语。湖区许多地方都是以类似的方式命名的。

P97 上
树丛里有沙沙声？“嫌疑犯”可能是一只轻盈的红松鼠，它在忙着采集榛子、橡实和其他果实。

P97 中
绿草地和岩石坡在此交汇，这里是科积峰的顶峰，一个绝对不会令人失望的远足旅行目的地。

P97 下
高山、草地、湖泊，还有虔诚而谨慎的人类：这张照片捕捉到了湖区的全部神韵。

Port-Cros National Park

克罗港岛国家公园

法国

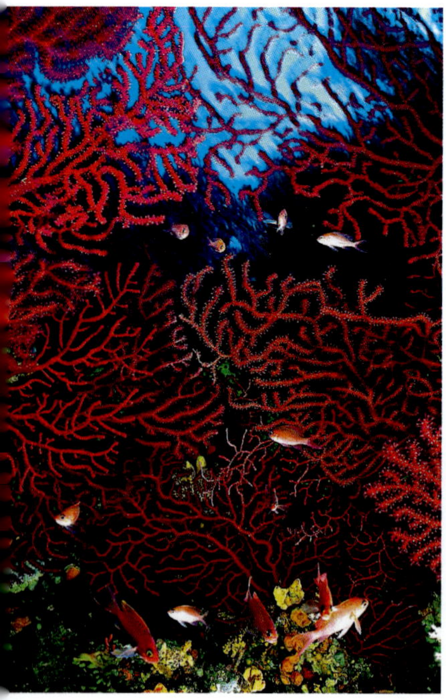

P98 左

珊瑚逐渐生长出类似老式花边的组织，美得简直令人难以相信它们出自大自然之手。

P98 右

几十株柳珊瑚像树枝一样散布在海底岩壁上。在保护区内，每颗小石头都是各种珊瑚和海绵衍生的家园。

P99 上

这是典型的地中海风情，绿色的灌木丛与蓝色的海洋形成强烈的视觉冲击。

P99 中

红珊瑚的小枝射出数百条长着触须的珊瑚虫，它们正在觅食，地中海其他区域现在已经很难见到红珊瑚的踪影。

P99 下

克罗港岛上，大片冬青森林均匀地覆盖在中央地带，使这个小岛看起来青翠欲滴。

这是地中海上的一个小岛，它临近法国海岸，至今依然保持着完整的、原生态的自然环境，为我们观赏和了解从前的沿海森林风光提供了一个绝佳的去处，它就是我们将要讲述的小岛——克罗港岛。克罗港岛与勒旺岛、波克罗勒岛等其他岛屿，组成了距离法国里维埃拉海岸（也就是著名的蔚蓝海岸）约10千米的耶尔群岛。20世纪初，这里险些变成了配备旅馆、大厦和运动设施的富人专用高级度假村。然而，一个偶然的机会让这个小岛的命运发生了决定性的改变。1921年，岛上的部分土地被马塞尔·亨利买下，他不仅是富翁，同时也是动植物爱好者。随即，为了保护这个地区的环境并留存原始的自然风貌，他开始坚持不懈地细心维护这片土地。

亨利去世后，他的遗孀把这块土地捐赠给了法国政府，条件是必须让它成为一个国家公园。1963年，

P100 上
一只被摄影师的快门吓到了的石斑鱼。这种大鱼不喜欢被人接近，一旦觉察到有外来的干扰，它们便会尽快寻找一个安全的庇护所。

P100 下左
海鲂生活在地中海约180米深的海域中。这种鱼有着标志性的特征——白环和大黑圆点。它的肉质在意式料理中颇受好评。

P100 下右
在快要成为海鳗的猎物时，章鱼发现了一处可作为避难所的狭窄洞穴，借着触须上的那些吸盘，它可以安全地吸附在洞壁上。

P100-101
一只海鳗躲在安全的窝穴中向外窥视，它露出了那稀疏而锐利的牙齿。这种动物会突然咬向莽撞的潜水者的手——误以为那是它的猎物。它那丑陋的外表诱发了许多著名的民间传说，但是几乎没有一个是真的。

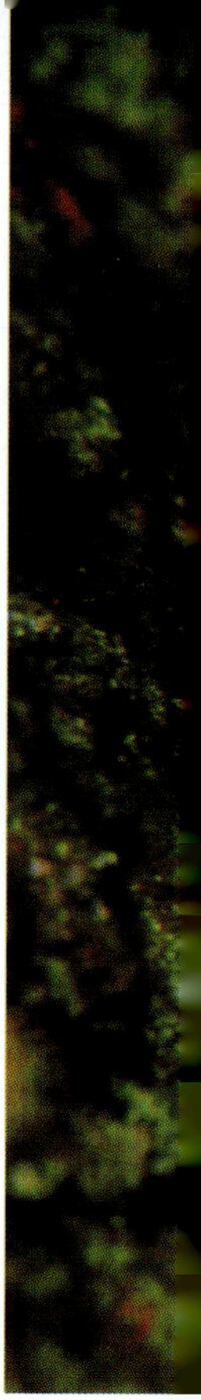

国家公园成立。目前，国家公园的边界已扩大到克罗港岛的大部分地区，总面积为46平方千米，包括占地17平方千米的土地和29平方千米的海洋。公园全年对外开放，游客可以在列凡杜港乘船前往，但巴高岛是核心保护区，不对外开放。克罗港岛上只有一个小镇，那里保留着各种防御工事的遗迹，它见证了这座岛风雨飘摇的过去——那些沦为殖民地和备受海盗袭扰的年代。这里的冬天气候温和，而夏日的酷暑也总被阵阵海风消解，在典型的地中海气候的庇护下，岛上的植被惊人的繁茂。循着众多有路标的步道，你可以穿越各种不同的环境，从地中海低矮灌丛到遍布香桃木和乳香黄连木的常绿灌木丛，再到由冬青树和阿勒颇松组成的森林。这里现存的动物类群同样值得关注，尤其是蝴蝶，从白天到黑夜，你能在这里观察到220多种蝴蝶。

在旅途中，你定会看到这些蝴蝶优雅地舞动双翼，从一棵杨梅树飞到一丛金雀儿花或是帚石南花上。但是小岛的真正主人是鸟类。即使是最漫不经心的游客也会注意到那些聒噪的银鸥。此外，你还可以看到较大型和较小型两种鹱聚集在这里繁殖，但如今它们在整个地中海区域都很罕见了。

对水手来说，喜欢在公海上翱翔的鹱飞向海岸，则预示着暴风雨的来临。因此，长期以来，鹱一直遭受迫害——水手们幻想通过破坏它们的巢、杀害它们的幼鸟以阻挡厄运来临。岛上的另

一位贵宾是蓝矶鸫。如果你仔细观察，就会惊奇地发现这种鸟儿会在石头上耐心地等待路过的昆虫成为自己的下一顿美餐；而如果你仰望天空，映入眼帘的是迅捷优雅飞行的游隼。公园保护区内的水底世界也是一派生机盎然，这里被保护得相当完好，丝毫未受到人类活动的侵扰。

潜入清澈的水底，你会打开一扇通往不可思议世界的大门。略带坡度的岩石表面覆盖着奇形怪状的海绵和珊瑚，到处都是色彩鲜艳的水绵。骚动不安的光鳃鱼互相追逐，一旦发现危险便四散逃窜，寻求庇护所或躲藏在红色柳珊瑚丛后。在这个水底王国中，石斑鱼是最占优势的。它们躲藏在小洞穴和小深谷中，一动不动地观望着，它们知道这里安全且难以被接近。人们很难在空旷处发现这些生性胆怯又谨慎的鱼，更不用说想要知道它们那些古怪的交配场所了。对章鱼而言，洞穴也可以当作藏身之地，特别是到了春天繁殖期，想要一只章鱼游出洞来那是非常困难的事，它会用触须上的所有吸盘紧紧地抓住洞壁——最好不要打扰它！

在海底的平坦区域，欧海神草覆盖了广阔的区域，为龙虾等海洋生物提供了一片非常理想的藏身之处，使它们免遭被捕食的危险，得以平平安安长大。在看得见沙质海底的地方，你可能时常会遇到海百合，它们有节奏地挥舞着手臂，跳着撩人的光影之舞，仿佛这是它们的水下舞台。

Vanoise National Park

瓦努瓦斯国家公园

法国

P102 左
高山湍流的喧闹声，使深幽的普拉洛尼昂山谷显得生机勃勃。照片中的前景是开着粉红色小花的柳兰，这是一种常见但繁殖力惊人的植物，与背景处的墨绿色杉树形成鲜明对比。

P102 右
一只成年的雄性北山羊正准备用尽全力猛撞对手。在法国的瓦努瓦斯国家公园和毗邻的大帕拉迪索国家公园，有大量的北山羊栖居。

P103 上
瓦努瓦斯国家公园保护着法国山脉的一个高山区域。普拉洛尼昂山谷一处有人居住的中心区域几乎淹没在令人沉醉的自然美景中。

一只北山羊正安然地用角尖搔着侧腹。高山湖泊的静穆赐予它这份安然，它知道生活在瓦努瓦斯国家公园里不会受到任何威胁。

法国瓦努瓦斯国家公园和意大利大帕拉迪索国家公园就像是一对孪生兄弟，二者的共用边界线长达14千米。公园里层峦叠嶂，最高峰是海拔3855米的大卡斯山。公园中心区域面积达533平方千米，而实际上的保护面积（连同大帕拉迪索国家公园一起）大约有1260平方千米，这是西欧的一项纪录，为动物们提供了一片自由活动的广阔空间。这是法国第一座也是法国最著名的国

P103 中
这只在暮春时节出生的小北山羊，正要度过它的第一个冬天。寒冷的季节对这些动物来说特别残酷，因为只有最耐寒的才能存活下来。

P103 下
土拨鼠以这种典型的直立瞭望姿势专注地观察四周的动静，一旦发现有危险，它就会用尖锐的叫声警告同伴。

家公园。公园成立于1963年，创立之初有三个目标：保护珍贵而美丽的高山环境、接待游客并开展科普教育，以及让环保和经济发展和谐共存。因此，这个保护区被分成了两大区域：核心区和缓冲区。核心区有严格的保护条例标示，区内没有道路或缆车设施，目的是保护被上百座耸入云霄、海拔超过3000米的山峰所环绕的净土。缓冲区则允许人类活动，在这里人类与自然和谐相处。

公园里有许多地方的岩石中留存着软体动物和鱼类化石，这些化石记录了此处复杂的自然历史。化石见证了那个遥远的时代与今天的不同，并讲述了地质演变的故事——在人类出现以前，这里大部分区域被海水覆盖。然而今天，迎接众多游客的是雄伟的山脉和繁密的常绿树林：红杉、白杉、苏格兰松、落叶松、瑞士石松、山松……这些树木在随着海拔攀升而形成的垂直气候带里依次呈现，直到逐渐被矮灌木丛、高山草甸、碎石堆和冰川取代。在这荒凉又美丽的景观里，从

前有过许多的动植物群，但现在大都销声匿迹。但是我们可以期待，国家公园将会促使这些种群重新繁荣起来。不过，并不是所有的物种都能够像北山羊一样幸运，如狼、猞猁和松鸡等大约在一个世纪前就已经消失了，生活在这里的最后一只熊在1921年被猎杀。胡兀鹫是目前正在重新引入的物种之一。

土拨鼠、岩羚羊和北山羊都是这片山区的典型代表物种，当然，这里还栖息着许多谨慎的高山“居民”，如星鸦。这种长着杂色羽毛的乌鸦会把食物（其中有些是瑞士石松的种子）藏在地下，可是又经常会忘记埋藏的地点。因此，这种美丽的、有着非凡抵抗力的树之所以能够存在，不仅要归功于山地寒冷的气候，也要归功于勤俭而健忘的星鸦。这只是整个生态系统各部分之间相互依存的无数例证之一，正如人类不能忘记原生态大自然的壮美一样，这些例证能提醒人类那些美丽的、原始的、自然的空间环境仍然存在，瓦努瓦斯国家公园正是其中之一。

P104-105
对金雕来说，狐狸是相当稀罕的猎物。这类大型猛禽往往偏爱猎食土拨鼠或小型蹄类动物。它先用强有力的爪子杀死猎物，然后用钩状的鸟喙撕下一小片一小片的肉。

P104 下左
岩羚羊不但擅长登高，还善于奔跑。有时候它会疯狂奔跑，这种行为通常没有明显的动机，或许只是让生活多一点乐趣。

P104 下右
鼬虽体形娇小，但却是最贪婪和最坚定的食肉动物。它速度飞快而且不知疲倦。观察鼬需要有耐性，且需要具备丰富的地理知识。

P105 上
岩壁上布满被侵蚀的痕迹。任何事物都不是一成不变的，地貌的形态在不断地更新，这一周期比人类的寿命要长得多。

P105 下
金雕四处搜寻猎物，仅靠拍打几下翅膀和熟练地利用气流就能维持飞行姿态。要发现它壮观的轮廓并不像人们通常认为的那么难。

Cévennes National Park

塞文山脉国家公园

法国

距离蒙彼利埃和地中海海岸仅几千米的地方，是法国中央高原的最南端。在那里，深深的沟壑纵横交错，温和的绿色斜坡与干旱的石灰岩台地形成了鲜明的对比。这里就是塞文山脉国家公园。公园内没有陡峭的险峰，最高峰洛泽尔山的海拔也不过1702米。公园的中央区域是喀斯石灰岩高地，海拔1000～1220米。在冰天雪地的冬日，这里无人居住，也无人来访；但是到了夏天，牧民会驱赶着成千上万的羊来到这个繁茂的牧场放牧。

美味的羊奶做成的洛克福奶酪品质卓越，几个世纪以来盛名不衰。广袤的针叶林、山毛榉林和橡树林

P106 上
垂悬于峡谷的石灰质岩壁、凸出的悬崖以及岩石上的裂缝，都是兀鹫筑巢的理想之地。最合适的筑巢点往往会有好几个兀鹫的巢，能形成一片聚居地。

P106 下
浓雾中，艾瓜勒山起伏的山顶若隐若现，覆盖在其上的植物多半是牧草。这里是塞文山脉国家公园的高处，海拔差不多1600米。

在花岗岩地形上繁茂生长，是从事林业工作的当地居民的另一项重要经济资源。但这个公园真正的宝藏是无处不在的植物资源，这些植物常被冠以童话般的名字。春天，每个角落都演绎着梦幻般的色彩狂欢节：林间空地上生长着大朵的头巾百合，这种粉红色花朵的又被叫作“淑女的长卷发”；其间点缀着金黄色的春侧金盏花（侧金盏花的属名*Adonis*是以希腊神话中迷人的阿多尼斯命名的）；还有杓兰，因为它的花形像鞋子，所以被称为“淑女的拖鞋”。高原上有紫罗兰色的、长着钟形花冠的白头翁花，远处的针茅草在风中摇曳，好像在跳着某种神秘而迷人的舞蹈。

P107 上
和其他相似的种群一样，兀鹫以动物尸体的腐肉为食。它们的猎物有时候是不慎掉入峡谷的牛羊。

P107 中
兀鹫的翼展几乎能有3米宽，这使它的身影令人叹为观止。它的一对大翅膀借助上升气流，可以长时间在空中保持一动不动。

P107 下
随着传统牧羊业的普遍萧条，兀鹫在欧洲大部分地区已变得非常稀有。各种不同的野化放归计划已经在实施中，但愿这种猛禽能重现天空。

Swiss National Park

瑞士国家公园

瑞士

任何到过恩加丁（即因河河谷）的游客都会发现，这里至少给人留下了三种不同的印象。毋庸置疑，第一种印象是典型的高山风貌。这里有耸入云霄的高峰在晨昏间变幻着颜色，有葱翠的草场和密不透风的森林，还有持续塑造着地貌的潺潺流水。如果顺着这条河流走，就会发现自己

P108 左
火绒草是山地植物的象征。人们通常认为火绒草生长在难以靠近的悬崖峭壁。其实它最典型的栖息地是高山草甸。

P108 中
为了吸引在山顶上为数不多的授粉昆虫，春龙胆展现出它鲜艳的蓝色，好让自己更为惹人注目。

P108 右
娇嫩的舍希策尔风铃草与它那遍布岩石的粗犷的生长环境形成强烈对比。它是以18世纪瑞士著名的博物学家舍希策尔的名字命名的。

P109 上
在恩加丁山地，连绵起伏的高山草原是瑞士国家公园的特色，原野一望无际，凉爽的风迎面而来。

正逐渐远离阿尔卑斯山脉，并迎来这里的第二种印象。事实上，因河发源于意大利边境的贝尔尼纳山，最后汇入多瑙河。整个恩加丁河谷都属于维也纳水系，在这里可以领略到典型的中欧风情。

哦，且慢，在我们沉浸于华尔兹的旋律之前，先瞧瞧第三种印象：在瑞士格劳宾登州，当地的居民仍然自豪地说着一口拉登语，而欧洲其他地区并不使用这种语言。邻近民族的多种文化在这里融合成了一种独特的文化，渗透到当地人生活的方方面面。

恩加丁的支流河谷——蒙纳斯特罗山谷位于瑞士

P109 中
从拉榭拉山俯瞰，加洛水库将利维尼奥山谷染成了宝蓝色。盆地的水流进因河后流向恩加丁河谷。

P109 下
几个世纪以来，人们一直在阿尔卑斯的高山草甸放牧。这样就降低了森林线的上限，进而形成了今天的这种风景。

P110 上
在牧草地和碎石地，土拨鼠是很常见的栖息动物，它也是阿尔卑斯最容易邂逅的动物之一。

P110 上中
苇状羊茅草是阿尔卑斯山脉的高山草甸上典型的牧草，它的长茎是北山羊喜爱的食物。到了冬天，羊茅草的生长量将大大减少，因此最好趁现在好好享用它。

的最西端，瑞士唯一的国家公园就在这里，成立于1914年，面积仅170平方千米。许多人认为这样有限的面积不足以完全保护该地区的生物多样性，而这一想法也曾阻碍了过去扩大公园面积的尝试。

1920年到1924年之间，公园内重新引入了野山羊，曾经消失的红鹿现在也正处于重新繁殖的阶段。1961年，一项雄心勃勃的项目启动，人们重新引入了胡兀鹫，这种专门以骨髓为食的大型猛禽会将骨头从高空丢下，在下面的岩石上被摔碎，以获取美味的骨髓。其他栖息在公园里的动物还有岩羚羊、松鼠、啄木鸟和乌鸦。

公园内还生活着另一种引人注目的动物——松鸡。每到春暖花开之时，为了赢得雌性松鸡的青睐，雄性松鸡间会展开竞争，它们会在林间专门划出一个打擂的场所，在此同场竞技，一展歌喉，它们太投入了，有时甚至会忽视埋伏在一旁伺机而动的狐狸。

在海拔超过1980米的碎石堆中，土拨鼠就像是女王。地表之上，我们所能观察到的往往是土拨鼠发出一连串哨声及迅速逃跑的身影，而几乎无从了解这种可爱的啮齿类动物在地面下的复杂生活。而高度信息化的采尔内茨游客中心设有一座土拨鼠窝穴模型，可以让游客走进去参观土拨鼠的地下生活。

从地质学的角度来看，这座公园里几乎没有像花岗岩或片麻岩之类的结晶岩：两亿年前，这里曾经是一片温暖的热带海洋，富含钙和镁的海底沉积物不断铺垫，最终形成这座高达4049米的山脉。覆盖其上的植被随着海拔的升高而呈现出显著的垂直带状分布：从高到低依次为高山草甸、灌木林地、森林等植被类型。其中高山草

甸的生物多样性极为丰富，有超过650种植物生长在这里；灌木林地中则生长着面积达26平方千米的散发着香味的矮赤松；而在森林区，则分布着欧洲赤松、云杉、落叶松和意大利松等树种。

不仅如此，国家公园内聚集了所有足以代表阿尔卑斯山脉特征的事物，甚至更多。我们没有必要担心它面积有限；事实上，瑞士国家公园与意大利的斯泰尔维奥公园接壤，而斯泰尔维奥公园又与阿达梅洛山公园相连，共同形成了欧洲境内最大、最具多样性以及最高效、最现代化的保护区。国与国之间的边界穿越这片园区并不是什么重要的问题，当金雕自由地搏击长空，在晴朗的阿尔卑斯山脉上空划出壮丽的弧线时，它的确不在乎什么国界。

P110 下中
带杂色的口鼻和黑色的小钩角是岩羚羊的共同特征。它们的角从出生的第一年就开始生长。

P110 下
要近距离观察一只金雕并不是件容易的事。通常人们只能仰视它在高空盘旋、搜寻猎物的身影。

P110-111
一只雄鹿带领着鹿群，其中有几只雌鹿和它们的小鹿。强壮有力与高贵优雅完美结合，集中体现在这种动物身上。

P111 下
夏末时节，当美丽的鹿角完全长成时，雄鹿放声吼叫，发出求偶时向情敌宣战的信号。

Gran Paradiso National Park

大帕拉迪索国家公园

意大利

冬天，在白雪皑皑的高山上，寒冷的空气中时常传来猛烈的碰撞声，这不是因为巨石滑落，也不是因为雪崩，而是两只雄性北山羊为了争夺交配权，正在用犄角相互冲撞。这种大型的高山山羊抬起后腿，低下头，用头顶上那对决斗用的重武器，以全身的重量（超90千克）结结实实地撞向对手。

北山羊是大帕拉迪索国家公园中最著名的栖息动物，它是公园的象征，也是这座公园存在的根本原因。18世纪末到19世纪初，这种长着弯曲的大型犄角的山羊因频遭捕猎而濒临灭绝，最后的种群仅在大帕拉迪索

P112
辨别岩羚羊的主要方法是看它头上那对黑色的钩形小犄角（雌雄羚羊皆有）。这只羚羊正在炫耀着它的冬季专属皮毛“外套”，这比夏天的皮毛“外套”更黑、更厚。

P113 上
在欧洲最高海拔的山脉中，羚羊是常见的哺乳动物之一。即使在雪地里，它也能轻松地四处奔走。这是很重要的技能，尤其是在冬天。

P113 下左
赤狐并不是典型的高山动物，但它能适应各种极端环境，因此，即便在冬季的阿尔卑斯山脉等险恶的自然环境下也能生存。

P113 下右
阿尔卑斯野兔之所以能够生存在这里，也得益于它那特殊的毛皮：夏天时是棕色的，到冬天则变成白色。这能帮助它隐藏在雪堆之中。

存活了下来。来自格雷索内（意大利的一个村庄）的森林巡视员约瑟夫·朱姆斯坦请求采取保护措施，于是皮德蒙特王国颁布了禁猎令。这是为保护这种特殊食草动物迈出的第一步。倘若没有北山羊，阿尔卑斯山脉将会呈现出另一副模样。

1856年，意大利国王维多·伊曼纽二世宣布，将大帕拉迪索的部分区域（属现在的国家公园园区内）列为皇家狩猎保护区，并专门成立特别警卫队负责监督。1920年，维多·伊曼纽三世把这个面积达21平方千米的保护区捐赠给国家，用于建立国家公园。由此，在1922年底，意大利第一座国家公园宣告成立。今天，这片保护区成了欧洲的主要保护区之一，范围在奥斯塔山

P114 上
两只成年的雄性北山羊在冬天的雪地里交战，它们正在用犄角冲撞对方。多亏了大帕拉迪索国家公园，这种高山山羊才免遭灭绝。

P114 下左
战斗中，三只雄性北山羊的犄角牢牢地纠缠在一块。然而在夏天，这种小冲突只是小试牛刀而已，冬天的战斗往往更为激烈，到那时，它们争夺的将是交配权。

P114 下右
雄性北山羊的犄角比雌性北山羊的发达，我们可以据此来估计这种动物的年龄，它们通常不超过15岁。

P114-115
在上瓦农泰，一个晴朗的早晨，金色的阳光洒在冰川上。现在的冰川虽然比过去的阿尔卑斯山脉的冰川小很多，但仍是大帕拉迪索国家公园特有的景观。

谷和皮耶蒙特谷之间，总面积超过720平方千米，与法国瓦努瓦斯国家公园相邻。1972年起，这两座国家公园成为一对“连体”公园。

经冰川运动和湍流塑造的山谷，以及部分被冰川覆盖的山脉，最终形成了海拔4061米的大帕拉迪索山，这就是公园所保护的景观环境。谷地和山坡上遍布冷杉、落叶松和意大利松，但这些并不是这片高地的主要魅力所在，这里的海拔很高，难以形成密林。从前，人们也曾为了扩大牧场面积而砍伐森林。人类本身就是阿尔卑斯自然环境的一个重要组成部分，这一地区的特征也是在人类文明发展的历程中塑造而成的。大帕拉迪索公园成立的目的之一是继承和发扬当地民族特有的文化遗产。几个世纪以来，这儿的居民与世隔绝，形成了独特的风俗文化，尤其是与平原地区的民族不同的风俗文化。这种文化遗产体现在各个方面，例如，在皮耶蒙特一带，你可以看到的山间小屋是用石头筑造的，而在奥斯塔山谷那边则是以石头和木材建造的。

不过，大帕拉迪索的主要吸引力仍在于探寻阿尔卑斯山脉的美丽风景，以及可以近距离欣赏的动植物。草地、岩石、碎石滩和冰碛岩等都是植物的家园，植物在进化的过程中发展出多种生存策略，以便适应极端的环境。

在严寒的冬季，阿尔卑斯山脉一片冰天雪地，积雪常厚达数米；而到了夏天，同样的地方却变成一片干燥、炽热的岩石地，令人眩晕的骄阳肆意地炙烤着大地。然而，生命的忍耐力是惊人

的，缩成硬壳紧贴在岩石表面的地衣便是如此。那些色彩鲜艳的花朵，多半非常娇小，仿佛是直接被岩石吐出来的一样。为了弥补形体上的微小，它们往往聚集在一起，形成一大片粉红色、蓝色或黄色的花丛。醒目的颜色有助于吸引为数不多的授粉昆虫，也吸引了大多数休闲游客。这些优雅至极的山地植物中，长着雪白漏斗形花冠的天堂百合当属帕拉迪索植物园的象征。园区内最知名并颇受欢迎的山谷之一瓦农泰谷附近还建有一个享有盛誉的科学和教育机构。要了解大帕拉迪索国家公园的植物种类，参观此地是最佳的选择。

事实上，瓦农泰拥有最热门的登山路线，许多徒步登山者常选择这条路线攀登位于维托里奥·塞拉营地附近的阿尔卑斯山脉顶峰。在这里，如果说没看见北山羊，那是不太可能的事。继续前往赫贝特小屋，你还可以看到山谷顶端的冰川，走这条路线需要特别小心。

P115 下
两只好奇的小北山羊正在注视着摄影师。这种动物有出色的山地行动能力，可以坦然面对悬崖峭壁。

尽管那些冰川裂缝和冰塔的险峻已经足以令人难忘，但现代冰川不过是那些雕凿了山谷和山脉的远古冰川的小小遗迹，不只是大帕拉迪索，整个阿尔卑斯山脉的山脊皆是远古冰川的杰作。目前，这座国家公园中大约有50座冰川，且正年复一年地不断退缩着。然而范围和体积日渐缩减的冰川并没有失去它们特有的标志：U形谷、与众不同的冰砾（通常所说的冰碛岩）和极小的湖泊。对于细心的观察者而言，所有这些特征都在诉说着每个山坡、每条山谷背后的故事。从最高峰发育的五条山谷中，有两条在皮耶蒙特谷，分别是奥尔科谷和索阿纳谷，其他三条更大且更知名的山谷在瓦莱达奥斯塔地区，包括瑞姆斯谷、瓦尔萨瓦兰凯谷和瓦农泰谷。

经过维多·伊曼纽二世保护区和查波德保护区到达的瓦尔萨瓦兰凯谷，是登顶的主要通路，整个高地以其命名，国家公园也得名于此。然而，要欣赏阿尔卑斯的独特风光，并不必冒险穿越这些冰川。这里的许多地方在很大程度上仍然保持着原始风貌。夏弗隆峰顶上覆盖着的冰帽，一大群长着黑羽黄喙的黄嘴山鸦无忧无虑地迅速飞过，还有老落叶松开裂的树干、土拨鼠示警的尖锐叫声，这些是来到这里的每个人都可以观赏到的景象。

要恢复大帕拉迪索地区所有的原始、自然风貌，仍需不懈努力，尤其是在恢复物种生境方面。的确，并非所有动物都能像北山羊一样幸运。翼展超过2.4米、长着标志性黑色胡须的胡兀鹫于1912年在这里消失后，经过人们的努力，竟然还能够重新引入并野放，这不得不说是一个现代的奇迹。它的体形令人印象深刻，看起来像一架小型滑翔机，并且它的习性也非同寻常。事

P116-117
海拔4060米的大帕拉迪索山是这座公园的最高点。从不停息的风吹袭着山顶，连绵无际的阿尔卑斯群峰一览无余。

P117 上
一只雌性北山羊在盯着我们看，半是好奇，半是担忧。在大帕拉迪索国家公园，我们很容易接近这些有蹄类动物，但是我们不能因此而不尊重它们。

P117 下
在一个滴水成冰的冬日，一只狐狸在积雪的山坡上踽踽独行，四周满是结着冰壳的岩石峭壁。这样荒凉的环境对那些不冬眠的动物来说是严峻的考验。

实上，胡兀鹫的主要食物是骨头，它常常衔着骨头在空中飞行，然后把骨头扔在岩石上，将其摔碎以便食用。在人类的努力下，这种不寻常的动物正在逐渐重返阿尔卑斯山脉，在几乎所有的山脊上留下身影，就像近年来在大帕拉迪索国家公园内日渐增多的北山羊一样，它们也曾一度在那里消失。不仅如此，大型的食肉动物，如狼和猞猁，如今也在自主地回归阿尔卑斯山脉。

Abruzzo National Park

阿布鲁佐国家公园

意大利

P118 左
在卡莫霞拉山区，那些耸立的山峰虽然海拔不高，却往往难以攀登。这是地质作用的结果：侵蚀作用将石灰岩塑造成陡峭的岩壁。

P118 右
狼，欧洲最大的食肉动物之一，是一种很谨慎的动物。尽管今天，一度濒临灭绝的狼又开始在森林中繁衍生息，但是并不容易被发现。

P119 上
一群阿布鲁佐羚羊毫不费劲地爬上悬崖休息。它们天生擅长登高，经常灵活自如地在崎岖不平的地带穿梭。它们往往习惯于集体行动。

在大约两万年前，古代猎人会攀登马西卡山脉去寻找猎物。夏季里，他们会从某个高原出发，开始艰难的长途跋涉。这处高原就是现在意大利中部的福奇诺高原。虽然当时的地名可能有所不同，但是直到今天，人们仍然攀登这些山坡去寻找世界上最美丽的羚羊之一——阿布鲁佐羚羊。

如今，人们来到此处只是为了观光，也许是因为他们并不像古人那样饥饿，或者比起猎物他们更渴望别的东西：森林、穿过树林的风、荒凉而美丽的山坡、野蛮生长的花朵，又或者是与野生动物的短暂相遇。阿布鲁佐可以满足这一切，因为这里仍然是山、树、花的世界，是羚羊、狼和熊的乐园。

1872年，世界上最早的、或许是最负盛名的美国黄石国家公园成立了，但其实在同一年，还有一处皇家狩猎保护区在卡莫霞拉山区成立，目的在于保护羚羊和

P119 下
一只小阿布鲁佐羚羊好奇地探索着周围的世界。它是阿布鲁佐国家公园中最典型的动物之一。这个种群不同于岩羚羊，反而比较类似比利牛斯山脉生活的品种。

马西卡棕熊。到了1923年，这个保护区变成新建的阿布鲁佐国家公园的核心区域。当时的面积为182平方千米。今天，园区面积已经达到了约500平方千米。

多年以来，阿布鲁佐国家公园为保护环境做出了艰苦卓绝的努力，并获得了国际上的肯定和嘉奖，其中包括1977年欧洲议会所颁发的“欧洲自然保护奖”（European diploma for the conservation of nature）。

这里的山脉非常古老，但都不算高。因长年累月地被种种自然力量轮番雕琢，有些地区的地貌看起来十分平滑，而有些地区却又崎岖不平。由于坐落于阿布鲁佐、拉丁姆和莫利塞等地区之间，这种交错的地形是这个保护区最具吸引力的特征。

广袤的山毛榉森林在意大利赫赫有名，其中生长着许多古树，它们的树干因年代久远而变得松软，白背啄木鸟可以很轻易地用鸟喙在这些树干上啄洞筑巢，觅食幼虫和其他无脊椎动物。但是最重要的是，这片森林是阿布鲁佐国家公园引以为傲的大型哺乳动物的家园。

生活在这里的熊留下的足迹和人类的一般大，但它们那锐利的爪子在地面上会留下更深的划痕。此外，那些有明显抓痕的树干和为搜寻昆虫而被翻动过的岩石，也是它们曾经出没过的迹象——这不是一般的熊，而是马西卡棕熊，欧洲棕熊的一种独特亚种。马西卡棕熊是西欧棕熊仅

P120-121
岩石地貌是阿布鲁佐核心地带最典型的地貌。在海拔更高的区域，树林被石质地面取代，只有零零落落的一些树木，试图在一个不适宜的环境中开拓领地。

P121 上
一只马西卡棕熊在它喜爱的栖息地内活动。这个亚种是欧洲最重要的种群之一。

P121 下左
卡莫霞拉山脉大部分是由不渗水的岩石构成的，因此溪水可以在地表流动。

P121 下右
从佩斯卡塞罗利眺望，马西卡诺山的轮廓在阿布鲁佐国家公园的主要山峰中独树一帜。这里森林密布，是马西卡棕熊的栖息地。

存的少数种群之一，在野外可能只剩下约50只。在这里，它们得到了精心的保护。要想见到这种又懒散又孤僻的动物并不容易，它们甚至可能爬到山顶去寻觅食物。马西卡棕熊偏爱浆果或其他水果，也喜欢昆虫、树根，偶尔也捕食大型猎物。冬天，它们的活动节奏会慢下来，但这寒冷的季节（通常是在1月）通常是棕熊的分娩期。

越过山毛榉森林，便是高山草甸和碎石滩，部分地区长满在亚平宁山脉中相当罕见的矮赤松。穿过森林，继续向卡莫霞拉山脉或其他山脉攀登，你可能会邂逅当地另一位明星——阿布鲁佐羚羊。因为保护区的设立它们才得以存活。这种食草动物无论雌雄，一律长着细长的黑色钩形犄角，主要在白天活动。它不同于岩羚羊，反而比较接近栖息于比利牛斯山脉的品种，因此目前人们考虑将它划归为独立物种。

公园内还栖息着其他动物，有些动物在别处已然消失，因为它们在人类主宰的地盘上通常被认为是“捣乱者”，尤其是狼和猞猁；不过如今，鹿和狍子也已经在园区内重新现身了。然而要看到这些动物可能得下点功夫，而且需要些好运气。由于意大利中部气候温和，国家公园全年适合观光，每个季节都有它迷人的地方，尤其是春夏，公园内的每处角落都赏心悦目，游客可以攀登高峰、探访幽谷，那怒放的鲜花、啁啾的鸟鸣、绿色的原野、动物的踪迹……无一不令人耳目

这是一张动人的阿布鲁佐羚羊照片。羚羊在10月底到12月交配，在次年5—6月产仔。小羚羊会跟在母羚羊身边约一年。

一新。尤其值得一提的是，公园中心能提供方方面面的资讯，且全年组织适合各年龄段的游客参观游玩的活动。虽然在气候宜人的季节，公园里可能会有点拥挤和喧嚣，而在秋天，你可以安静、平和地享受色彩盛宴。在这里，汽车只能在城镇之间的道路行驶，其他道路则只能步行、骑自行车或是骑马，所以公园的宁静可以得到充分的保障。冬天，公园的滑雪场上，冰霜宛若花边装饰，雪地上依稀可见鸟兽踪迹，这些都是游客们能欣赏得到的景观。

人类是公园的“特殊居民”，他们住在园区内建于中世纪的城镇里。公园之所以如此生机勃勃，关键原因之一是管理者们依不同保护等级划分出了完全保留区、一般保留区和保护区，以满足自然环境和特定物种的不同需求。完全保留区只能沿着特定的路线徒步进出，从环境的角度来说，这当然是最有趣的部分。在一般保留区，人类和自然环境和平共处，当地传统的人类活动如牧羊等是被允许的。保护区的环境则受到人类活动的决定性影响，尤其是农业。最后，多数已修复重建的城镇建筑为游客提供食宿的便利。然而，大自然展露出的最美容貌还得是在完全保留区里。考虑到这里是欧洲人口最稠密的国家之一，这片完全保留区就显得弥足珍贵。阿布鲁佐国家公园的保护措施是成功的，它已经成了其他保护区的参考标准和典范。

尽管意大利以它的城市建筑和艺术遗产而闻名于世，但是一定不要忘记在5月底至6月初可以去攀登阿布鲁佐山脉，那时你可以欣赏到世界上独一无二的马西卡鸢尾，这种花朵有着天鹅绒般质感的紫色花瓣。事实上这只是阿布鲁佐国家公园所保护的众多珍奇的物种之一，要知道，这座公园的象征可不是普通的熊，而是马西卡棕熊。

Doñana National Park

多尼亚那国家公园

西班牙

当美丽的麦迪纳西多尼亚公爵夫人多尼亚那在瓜达尔基维尔河下游沿岸的森林中迷路时，并没有白马王子来解救她。传说这位不幸的夫人哭得非常伤心，她的泪水造就了这片世界上最珍贵的自然区域之一。

1969年，人们在这里建立了多尼亚那国家公园，这里同时也是生物圈保护区、特殊鸟类保护区和人类文化遗产。它位于安达卢西亚韦尔瓦省东南端，离著名的文化城市塞维利亚和加的斯不远。多尼亚那国家公园横跨瓜达尔基维尔河三角洲，面积超过500平方千米，此外还有540平方千米的自然公园，共同形成了一个极其珍贵的濒危物种保护区。1960年以前，这片沼泽地带只有依赖马匹才能勉强抵达。

如今，这里已经铺设了许多柏油马路，交通更加便利，所以每年的游客人数都在激增。人们之所以对这里很感兴趣，主要是因为多尼亚那国家公园是真正的国

P124 上
一群红鹳在饱餐了一顿水生无脊椎动物之后，飞离拉斯马里斯马斯沼泽，它们或许是受到了声音的惊吓，也可能是察觉到了掠食者的来临。

P124 下
在凉爽的薄暮中，一只黇鹿在松树林边缘的草地上啃着嫩草。这种鹿原产于中东，可能是由古罗马人传入地中海盆地的。

P125 上
在人迹罕至的科托德多尼亚那，大西洋的沙地和伊比利亚的植被共同造就了这片被风塑造成波浪形的沙丘。

P125 下
海风吹乱了这一小群马的鬃毛，但是小马似乎并不在意，这对它那旺盛的食欲丝毫没有影响。

际性的野生鸟类观察者的天堂：有超过360种鸟类在这里筑巢，或迁徙途中路过此地短暂休息。西班牙对拥有如此珍贵的宝藏而感到自豪；这里非常欢迎游客来访，但公园最珍贵的区域只能在导游的带领下游览。保护区的专业人员会陪同游客沿着广阔的路线游览，这些游览必须至少提前一个月预约。不过，费这么多功夫是值得的，因为其他地区几乎很少有如此混杂而多变的地质景观。事实上，多尼亚那国家公园是一个交融的产物：甜美与咸鲜、流动的风与静止的土、沙子和草木……这一切并不冲突，而是像在地中海的热情拥抱中融合。

从地质起因的角度看，这座公园的地域形成相当年轻，而且几乎全是由瓜达尔基维尔河流向大海时携带的冲积物沉积而成的。这些沉积物填充着古老的海湾，直到几个世纪以前才与塞维利亚连成一片。大西洋西岸的潮汐塑造了这片土地，使之形成一种半岛式的地形，最终止于公园最南端的马兰达尔角。事实上，这座公园里非常有趣且壮观的入口之一正是在这片海岸，位于马塔拉斯卡尼亚镇的南面。沿着著名的科托德多尼亚那前行，眼前满是缓慢移动的沙丘，这些沙丘由大海创造，经海风塑形，移动规律难以捉摸，每天都会呈现出新的形态。

再往内陆走，沙丘被盐沼（拉斯马里斯马斯沼泽）取代，这里生长着特殊的植物，它们显然能适应高盐分的土壤以及冬涝夏旱的交替。其中最具代表性的植物是苋科的两种植物——蝎节木（*Arthrocaulon macrostachyum*）和盐角木（*Arthrocnemum limonastrium*）。这片盐碱地还吸引了其他常客：在多尼亚那的冬天，你常会看到成群结队的大雁在这里啄食沙子，这种奇怪的习性有助于它们消化七叶树的坚果。在漫长的冬季，这些果实是大雁唯一的食物来源。

科托德多尼亚那和公园其他区域的交界处是一片顽强扎根在沙丘上的带状林地。这些沙丘十分松散，林地几乎只能依赖海艾蒿、薹草和冠席草来勉强巩固。根据土壤特性，意大利松可能会盛行，也可能被欧洲栓皮栎或桉树所取代。往北去则是一望无际的帚石南林和灌木平原。多尼亚那宫就建在此处，是公园里为数不多的建筑之一，它从前是狩猎小屋，现在是一个研究工作站。

鸟儿们无疑是多尼亚那国家公园最珍贵的宝藏。这里栖息了许多极具观赏价值的珍稀物种，其中最著名的是西班牙雕，全世界仅有大概1000只。在这里冬季是赏鸟的最佳时节，因为在11月至次年1月之间，可以看到的鸟类数量最多。然而，我们无论如何都不应忘记：多尼亚那国家公园同样是大型食草哺乳动物的家

P126 上
凡是沙丘形成的地方，都会有一大片松树林。这里是本地松树的家园，也是多尼亚那国家公园最具代表性的物种的栖息地，例如猞猁和黇鹿。

P126 上中
这只全身斑点的猞猁在炫耀着它华丽的皮毛，那冰冷的目光，让我们不由得庆幸自己不是小野兔。这种猫科动物是伊比利亚半岛特有的，它们在多尼亚那国家公园中找到了最后一处庇护所。

园，如黇鹿、羚羊、野猪，当然也少不了食肉动物，如伊比利亚猞猁。虽然伊比利亚猞猁有许多亚种，但是由于它们的栖息林地正渐渐消失，因此所有的亚种都变得十分稀有。

爬行动物爱好者会在这里发现几种有趣的爬行动物，如蓝斑蜥蜴和欧洲陆龟，还有两栖动物和鱼，更不用说这片土地上丰富的微生境了，单是微生物种群就值得单独写一本书来介绍。

多尼亚那国家公园的动植物类群非常特别，但也是相当脆弱的。1998年4月25日发生在塞维利亚附近一个铅锌矿场的事故，导致相当于1500个奥林匹克竞赛游泳池容量的有毒废料泄漏，并流入瓜迪亚马尔河的支流中，进而流入多尼亚那国家公园内，导致鱼类和其他水生生物的大规模暴毙，这是环境污染的一个警讯。即使到今天，这次泄漏事件导致的环境污染危害仍然难以评估。人类科技的进步固然不能停止，但是审慎应是首要原则，尤其是当我们的行为可能伤害到整个人类遗产的完整性的时候。总而言之，多尼亚那国家公园是一个复杂而罕见的相互影响、相互依存的平衡的生态系统，是地球上独一无二的存在。

P126 下中
像不像一棵被风吹弯的芦苇？这只鸟的褐色条纹羽毛和纹丝不动的姿态，能够同时蒙蔽它们的天敌和猎物。

P126 下
家庭成员渐渐长大，住宅得重建：一只优雅的鹳叼来树枝，准备重新建造它那庞大的巢。下方的幼鸟有些失望地注视着，因为从前长长的鸟喙叼来的通常是它们的食物。

P126-127
色块拼嵌在一起，好似一幅印象派的画作。即使从空中鸟瞰多尼亚那国家公园的拉斯马里斯马斯沼泽，也能立马察觉到这个栖息地的多样性。

第三章

非洲 AFRICA

用“探险”来描述非洲显然已经过时了，这个词总是让人不由得联想起那些陈年的影像：一群身着猎装、头戴遮阳帽的人，身后跟着一群土著脚夫，背着行李和装备，一同去寻找盛产鳄鱼的大河。沙漠、湖泊、森林、瀑布、山脉、海岸、草原、河川等，这一切早就不新鲜了，大卫·利文斯通和亨利·摩顿·斯坦利的时代几乎被人遗忘。

在克里斯托弗·哥伦布1492年首航之后的5年，瓦斯科·达·伽马也完成了环绕非洲大陆、抵达印度洋的航行。又过了3个世纪，探险家们才开始深入非洲腹地，那时候，欧洲人对于美洲和亚洲已经相当熟悉（至少已熟悉它们的主要地理特征）。

尽管杰出的古埃及文明曾在非洲高度繁荣（北非曾是罗马帝国的一部分，且中世纪时期阿拉伯文化盛行），但是到近代以前，非洲大陆的绝大部分地区还是与世隔绝，这又是为什么呢？

原因在于，这片大陆实在是太广阔了。非洲大陆总面积约3029万平方千米，南北长约8100千米、东西宽约7500千米，是世界上面积第二大的大陆。狭长的地中海以南是世界最大的沙漠——撒哈拉沙漠，一个几乎没有生物可以忍受的炽热区域。而要穿越非洲的西南海岸也绝非易事，因为此处也有个大沙漠——卡拉哈迪沙漠，它一直延伸到大西洋海岸。赤道地区则酷热又潮湿，茂密的雨林盘根错节，就算征服了沙漠，森林也会马上变成另一个巨大障碍，它们阻隔了赤道附近大部分的海岸。河流亦不是通向内陆的便利航道，因为途中有许多急流和瀑布，高原地貌造就的这些景观，迫使所有试图逆流而上的探险者停下脚步。而在航海必须依赖风力的时代，赤

P128 左
全年内固定持续的降水量和足够的高温，使得赤道附近的雨林持续成长：这是一个完美的、平衡的生态系统。

P128 中
旱季临近，在鲁阿哈国家公园里，包括人类在内的所有生物都得准备面对长达数月的干旱。

P128 右
薮猫的大耳朵能够听出它的猎物——小型啮齿动物所发出的沙沙声。它可以闭目细听杂音长达10分钟，然后，扑向它的猎物，用它那强有力的爪子发动攻击。

P129
即使是像豹这种毫不留情的食肉动物，也能极尽温柔地对待它的孩子：这只幼豹知道，在它出生后的两年内，母亲会仔细地照顾它。之后，它就必须靠自己在危险的大草原中谋求生存。

道附近风平浪静的气候条件令航海家望而却步，不敢穿越南大西洋。

在史诗般的19世纪，探险家们历尽艰辛，终于逐渐地填补了知识的空白。地图上那些曾经标有“此处有狮子”的空白区域，逐渐被以在位君主和欧洲贵族命名的地名所取代。从那时起，岁月流逝，世事变迁。如今，狮子依然存在，但是已经吓不倒任何人了。

现在，国家公园已成为许多非洲国家的一项重要经济来源，这些国家充分意识到，环境保护

P130-131
在肯尼亚的博戈里亚湖，数千只红鹳将湖面染成了粉色。它们将头浸入水中觅食，以舌头当活塞，利用鳃状的鸟喙过滤浅滩的泥渣。

P130 下左
又到了博戈里亚湖的红鹳交配的季节：成千的雄性红鹳在雌性红鹳面前集体求偶，每一只都伸长脖子、高昂着头前进。

P130 下右
好像是在回应某种无言的指令，所有的红鹳同时朝着一个方向飞行，一场奇妙的缤纷之舞点亮了纳库鲁国家公园。

P131 上
红鹳用奇特的鸟喙过滤池塘水。小型红鹳以微小的藻类为食，普通红鹳则偏爱小型贝类，这种食物是它们羽毛呈现粉色的原因。

P131 下
塞伦盖蒂国家公园广阔的大草原在我们眼前展开，好像拥抱着地平线。要越过如此广袤的距离可能并不可怕，但途中可能会遇到迁徙的兽群，它们习惯沿着有水的地方行进。

也能变成一种经济收入（换句话说，就是旅游业）。无论如何，非洲的国家公园被称为“大自然的遗产”是当之无愧的。若没有了它们，这个世界将会更加贫穷。

不同于其他大陆，非洲没有较大的山脉，唯一的例外是西北角的阿特拉斯山脉，但这一山脉的地貌特征非常具有欧洲风格。那些广阔平坦的台地，经历漫长岁月的自然侵蚀，因生成孤立的山脉和地壳岩层的断裂而变得支离破碎。非洲的高山多半是由近代的火山爆发而形成的，例如非洲最高峰——海拔5895米的乞力马扎罗山。非洲东部有许多火山，马赛人（Masai）的圣山伦盖火山就是其中之一。

这些火山沿着东非大裂谷排列。东非大裂谷是地壳的一个巨大裂缝，数百万年以来将非洲大陆从西奈半岛到莫桑比克劈成两半。如果一切如地质学者预测的那样，那么在数百万年后，非洲东部和非洲中西部将被一个新的海洋分隔开来，红海正是这个新海洋的雏形。东非大裂谷目前仍暂时维持着它统一的地貌，细长的裂口两边遍布着深邃而狭长的湖泊。许多湖泊含有丰富的火山盐，这意味着湖水只适合一些特殊的生物栖息。无疑，这些生物中最为壮观的莫过于数以万计的红鹳（俗称火烈鸟）。

非洲的另一大特点是大量聚集的动物群，在热带稀树草原上，成群的羚羊、斑马、水牛和大象为了寻找草地、追逐降雨而不断迁徙。非洲有1/3的面积被草原覆盖，其中最重要且最壮观的区域皆受到几个全球知名、非常受欢迎的国家公园的保护。热带稀树草原主要分布在非洲东部，西部多是热带雨林。在那些错综复杂、难以穿越、生物多样性丰富的热带雨林中云集了大量至今仍未被发现的物种，这里是地球上濒临消失的生物栖息地之一，但如今，森林正遭受着滥伐的威胁。这里还是与我们人类亲缘关系最近的一些动物——大猩猩的家园。受赤道阳光照射而产生的大量湿热空气上升形成了充沛的雨水，滋养着这片森林。

大量不含水汽的干燥空气团流动到非洲大陆南部和北部，促成了另一典型景观——沙漠。这里只有岩石、沙子和干旱，而如此贫瘠的地方也需要加以保护，这听起来似乎有些荒谬。然而，这些环境极端恶劣的栖息地实际上是许多物种的家园，它们已经适应了这里有限的生活条件。它们的存在对于非洲的生物多样性来说非常有价值。而且也别忘了，这个大陆上有许多地方具有超凡魅力，给人以纯粹的视觉享受：奔腾的河流、巨大的瀑布、一望无际的滚滚沙丘、突然出现在热带稀树草原上的高大山脉，以及郁郁葱葱的热带雨林。

尽管总是存在着许多因人类引发或加剧的严重问题，但非洲一直在设法通过建设广泛的保护区网络来努力保护它最宝贵的区域，这是世界上最有效且最普遍采用的措施。我们有理由预期这是拯救和新生的征兆，因为人类正是在这片位于世界中心的非洲大陆上诞生的。

搜寻猎物的共同需求促使两只年轻的雄狮联手，在破晓时分迅速出击。当它们长大后成为各自领地上的统治者时，将不容许其他雄狮出现，而棘手的狩猎工作将交给雌狮群来承担。

Mahale Mountains National Park

马哈尔山国家公园

坦桑尼亚

P134
雨林俯视着坦噶尼喀湖，这是大裂谷地壳断裂产生的盆地之一。

P135 上
光线透过树枝照射在公黑猩猩身上，使它的毛发闪闪发光，这只黑猩猩正在品尝可口的合掌树的果实。

P135 下
古老的树干上爬满了藤蔓植物和其他附生植物，这些植物陪伴着每一位穿越公园森林的人。

肯尼亚和坦桑尼亚的国家公园能够满足抱有不同期望的游客。对有些人来说，这里有井然有序的欧式风格旅馆设施，能接待大批的观光客。这里是“悠闲的非洲”：有世界上最壮丽、最独特的风景——成群结队的动物一一登场，在我们的相机镜头前形成了壮观的画面。但这些有时不能满足渴望冒险的游客，不过他们仍有机会追随第一批踏足非洲的探险家们的足迹去体验。举例

来说，很少有游客会决定造访位于坦桑尼亚坦噶尼喀湖湖畔的马卡里山脉。自从1985年马哈尔山国家公园设立后，这里便明文规定：乘船是到达这片特殊区域的唯一途径。这里没有基本的后勤设施，也没有任何道路，是一座只能依靠双脚拜访的非洲公园。

马哈尔山国家公园的面积约1613平方千米，海拔800～2500米，风景非常迷人。无数瀑布错落林间，许多动物活跃在竹林、金合欢树、高大的罗汉松以及其他植物之间。如果你在仰望树冠时瞥见了一个半遮掩的“窝棚”，那可是件激动人心的事——意味着附近可能居住着一家黑猩猩。

黑猩猩的前肢几乎与后肢一样长，这与其他灵长类动物不同（比如大猩猩的手臂就比后肢要长得多），因此它的步态有时是双脚着地。黑猩猩与人类的亲缘关系最近，是唯一不需要经过训练就能够为一个特定目的制造工具的动物。现在，黑猩猩只居住在这里和附近的贡贝国家公园中，后者是著名的珍·古道尔博士的研究营地。马哈尔山的黑猩猩也是科学家们深度研究的对象之一。

自1961年以来，一队日本研究人员一直监测着这里的黑猩猩。为了建立最初的接触，他们

P136-137
所有灵长类动物都喜欢互相梳毛，以此加强群居关系，一般认为这种动作会燃起亲吻的激情！

P137 上
黑猩猩的拉丁名“*Pan troglodytes*”是“森林牧神”的意思。不过，这只大白天在保护区里躺着的母黑猩猩，更像一只懒洋洋的小精灵。

P137 下左
一只年轻的公黑猩猩打着哈欠，它那长长的犬齿露了出来。黑猩猩主要吃素食，但有时候它们也会有组织地猎食。

P137 下右
黑猩猩种群内部有着等级森严的社会结构。照片中，兄弟俩刚忙完带队的劳累活儿，正在休憩中。

在不同的领域试验了三套方法：习惯、强制（在这个案例中，一只黑猩猩孤儿证实了人类可以被它们信赖）及食物补给，最后只有第三种方法成功地与上百只黑猩猩建立了正常的联系并维持至今。这些黑猩猩分属许多个家庭，每个家庭的成员数量为5～30只。

在这片盛产叠伞金合欢和镰荚金合欢的森林及稀树草原上，同样栖息着的还有其他一些珍稀的哺乳动物，如巨松鼠、发毛只有黑白两色的安哥拉疣猴和沙氏岩羚（一种类似犬羚且普遍认为在夜间行动的小型羚羊）。此外还有象、水牛、狮子、豹和许多其他种类的猴子。爱鸟人士会在各种环境中发现有趣的鸟：在草丛和小池塘中有红领巧织雀；棕榈树丛中有因擅于攀缘树干、身手敏捷而得名的鼠鸟；在山顶上可以看到非洲冠雕、华美的蜂虎和松鸦；在雨林中可以听到赤颈鸫悦耳的歌声，欣赏短冠紫蕉鹃炫耀它那深浅不同的蓝色、紫色和黄色羽毛。

不能不提的还有，这座公园包括了部分坦噶尼喀湖的湖岸线，那里生活着无数的河马和鳄鱼。湖中生活着超过220种鱼类，其中最令进化学者感兴趣的是慈鲷科的鱼类，这种鱼色彩鲜艳，且具有非常强烈的领地意识，能适应不同环境，衍生出了大量具有地方特色的物种。

Ngorongoro Conservation Area

恩戈罗恩戈罗保护区

坦桑尼亚

想象一下，你驾驶着吉普车，沿着一条长长的小路长途旅行，一路颠簸，四周弥漫着非洲的气息，直到抵达马加迪湖。雨季的马加迪湖面积很大，但在干旱时节，它会被分为三个池塘。各种食草动物会到湖边喝水，其中有种类庞杂的鸟类，包括体形或大或小的红鹳、鞍嘴鹳、各种鹮和鸻鹬类的水鸟。秃鹳迈着它那纤细的腿到处闲逛，而白鹮和彩鹮则伸着月牙形的长喙觅食无脊椎动物。

游客来到这里，必能看到数量浩繁的动物，但要想抵达这个海拔1700米的水域，必须先下行600米。事

P138 上
伦盖伊的主要火山口布满了小火山锥，灰色的、沸腾的碱性泥流在山坡上犁出道道皱痕。如此壮观的自然杰作，怪不得马赛人称呼它为“圣山”。

P138 下
恩戈罗恩戈罗保护区的地貌要归功于影响非洲东部地区的火山活动。东非大裂谷从西奈半岛延伸到莫桑比克，纵贯非洲，它的存在与火山活动密切相关。

P139 上
火山口边缘比内部平原高出约600米，在地平线上圈成了一个复合环境。除了丰富的动物群落外，这里还有热带稀树草原、灌木丛和湿润地区。

P139 下左
蓝色圆形的恩帕夫伊湖的湖岸十分险峻。显而易见，这个湖由火山喷发形成。站在火山口的边缘，你的视线可以越过恩戈罗恩戈罗火山口和塞伦盖蒂，一直到乞力马扎罗山。

P139 下右
一群牛羚在洋槐丛中吃草，背景是标示恩戈罗恩戈罗火山口边界的险峻峭壁。牛羚是当地最常见的一种羚羊。

实上，这个湖坐落于恩戈罗恩戈罗火山口，马阿语（Maa）中的意思为“大洞”。大约800万年前，这座火山喷出了极大量的岩浆，而后，这个位置的火山锥因空洞而向下塌陷，形成了现在直径约18千米的火山口（或称为破火山口）。这座著名的火山周围还有几座火山，如伦盖火山，它如今仍处于活跃期，上次爆发的时间是1983年。

这里遍布的火山锥总面积近8300平方千米，是广义上的恩戈罗恩戈罗保护区的一部分，不过官方认定的国家公园仅包括恩戈罗恩戈罗火山口（面积大约只有260平方千米），其余地区则作为保护区管理。火山口不允许人类居住，就连马赛人也不能到这里放牧。

马加迪湖的南边是勒雷森林，那是一片迷人的、错综复杂的金合欢森林，数量众多的黄狒狒、猕猴和色彩缤纷的鸟类是那里的主人。树枝间吊挂着许多金织雀和斯氏织雀的精巧的鸟巢，如果仔细聆听，你或许能有幸听到从密集的植被中传出的撕扯青草的瑟瑟声——这意味着附近有象出没，它们在火山口的悬崖峭壁上经过时，常会将灌木连根拔起。这些地方还会有象用象牙挖掘矿盐的痕迹。

继续在公园里穿行，迎面而来的环境完全改变了。在东区，水羚、斑马、角马、狷羚、疣猪、汤氏瞪羚和葛氏瞪羚要么在悠闲地吃草，要么跳进注满泉水的沼泽撒欢。火山口附近一只

P140 上
黑犀牛是濒危动物。恩戈罗恩戈罗保护区对这些哺乳动物的保护至关重要。

P140-141
白天，河马为了躲避太阳暴晒，纷纷潜入水中，只有在比较凉爽的时候，它们才会离开水面，沿着河岸吃草。

P141 上
一只小斑马跟随着它的族类。斑马群通常由一只占统治地位的雄性斑马和一群雌性斑马组成。

P141 下
两只黑犀牛在恩戈罗恩戈罗的大草原上漫游。

长颈鹿都没有，但在这个物种丰富的自然动物园里，人们很难注意到这一点。我们可以继续前进，但要小心不要踩到脚下的草本植被，也不要离开小路，这些小路都是为了隔离火灾而经过仔细研究后才标出的，它们在热带稀树草原上十分常见，在火灾逃生时是非常重要的。

广阔无垠的绿色草原一览无余，灌木丛零星分布着，这里是黑犀牛或是一群水牛的领土。如果这时有成群的冕鹤、斑鸻或鹭鸨突然飞起，你可得小心了，那意味着附近可能有狮子或鬣狗在猎食。这里的狮子数量很多（超过100只），留给豺和鬣狗的猎物很少，后者因此不得不积极捕猎，甚至在大白天也不能歇息。

照片显示的是恩戈罗恩戈罗的破火山口，它因大面积的火山爆发后所产生的地表沉降而形成。

旅行的终点是最北边的曼杜夕湖，这里的鶇和夜鹭正漫不经心地观察河马。河马整天都昏昏欲睡，只有眼睛、耳朵和鼻孔露在水面上。

如果你在清晨早早来到火山，可能会发现天空中阴云密布，破火山口雾气缭绕。这让稀树草原上传来的无数种声音显得更为神秘，令人回味无穷。但是过不了多久，太阳就出来了。一眼望去，破火山口那令人惊叹的美丽一览无余。无论你望向哪一个方向，都会情不自禁地为这颗大自然的璀璨明珠而惊叹，它一年四季都是如此地耀眼夺目，它的美举世罕见。

这里也是著名德国动物学家和自然学家伯恩哈德·格日梅克的长眠之所，他撰写了动物百科全书；他的儿子米夏埃尔·格日梅克也埋葬在这里，米夏埃尔在一次纪录片拍摄时因与一只秃鹫相撞的飞行事故而去世。

火山口外围是苍翠繁茂的植被，包括瑞仙木、胶合欢、刺柏、大戟科植物、欧洲赤松、苏红树，还有密密覆盖着地衣的柏树。在这些树林中可以看到各种灵长类动物，人们很容易就能发现它们的行踪，常常一观察就忘记了时间。受到入侵者威胁时，成年的绿猴会警觉起来，又吼又叫，并露出它们的牙齿。然而，它们很快又会像往常一样，转而找寻昆虫、蜥蜴或是鸟蛋，这些是种子、水果和树叶等主食以外的小甜点。绿猴的尾巴姿势可以反映出它的心情，尾巴呈水平状就表示它很恐惧，尾巴慢慢地叠合在背部，则表示它自信从容。狒狒也是优秀的攀爬者，它们在树枝中寻找食物，也在树枝中寻找夜晚的栖息之处。有些狒狒已经知道了游客能为它们提供食物，因此它们有时候会变得好奇甚至具有攻击性，有时候则会乘人不备偷窃食物。

继续往北朝塞伦盖蒂平原的方向前行，越过沙丘就到达了奥杜瓦伊峡谷。1911年，一位德国昆虫学家在追逐一只蝴蝶时偶然发现了这个峡谷。在这个连接恩杜图湖和奥尔巴尔水池的深谷（长约50千米，深约90米）里，他发现了后来被归属为一种早已灭绝的马的骨骼化石。20年后，考古学家路易斯·利基和他的妻子（他们当时居住在内罗毕）决定在这里进行研究。他们先是发现了石器，然后在1959年发现了被称作“南方古猿鲍氏种”的头骨，这是一种生活在距今260万～120万年前的灵长类动物。目前该项研究仍在继续，内罗毕博物馆（肯尼亚）现任馆长正是利基夫妇的儿子。

只需要稍加留意，就可以清楚地看到目前已被鉴定出来的五种不同年代的地质层：在现代层之下是峡谷被河水侵蚀的年代；第四地层和第三地层可追溯到直立人时代；第二地层则为南方古猿鲍氏种和能人时代；最后的熔岩层，可追溯到190万年以前，目前人们正在对其研究中。内罗毕博物馆绝对值得一看。博物馆组织有序，展出了大量来自奥杜瓦伊峡谷的文物。“奥杜瓦伊”是马赛人对一种龙舌兰属植物的俗称，其肉质叶子被当地人作为一种常见的游戏中使用的道具。

再前行几千米就能抵达一个更引人入胜的地方：最古老的原始人类的脚印就是在莱托里地区发现的。早在365万年以前的上新世时期，有一群已经完全直立行走的南方古猿走过了此处的火山灰烬，灰烬固化之后，它们的足迹就被保存了下来，并排的还有鬣狗、瞪羚、大象和犀牛的足迹。说不定，我们的祖先也曾对恩戈罗恩戈罗着迷呢。

Serengeti National Park
Maasai Mara National Reserve

塞伦盖蒂国家公园与马萨伊马拉国家自然保护区

坦桑尼亚　肯尼亚

P144 左

穆巴拉盖提河沿岸生长着一片茂密的森林，但是仅生长在邻近河水的两侧。这是典型的隧道森林，是河流穿越稀树草原时形成的一种独特的生态系统。

P144 右

马拉河流经一片宽阔的平原，在旱季，平原变得枯黄、灰尘弥漫且燥热难耐。混浊的河水看起来并不诱人。许多动物都已经迁徙到较有利的地区。

P145

一群象正在穿过一片广阔而茂盛的草地，前往穆巴拉盖提河喝水和洗澡。在酷热的塞伦盖蒂，这种补充和养精蓄锐是必需的。

这是一个清新的、浸润着乳白色晨雾的早晨。在蓝天和金色阳光的映衬下，一片美丽的风光逐渐呈现：猴面包树上，一只花豹正在享用它刚刚捕获的猎物；周围的鸟儿高声歌唱；羚羊在吃草，青草在蹄下发出“嘎吱嘎吱”的响声；一只母狮带着几只小狮子在水边喝水——塞伦盖蒂又迎来了新的一天。塞伦盖蒂在马阿语中的意思是“永无止境的大平原”，它位于恩戈罗恩戈罗高原、维多利亚湖和肯尼亚的马萨伊马拉国家自然保护区之间。远方矗立在地平线上的是海拔将近6000米的乞力马扎罗山。在著名的动物学家和博物学家格日梅克的努力之下，现在的塞伦盖蒂国家公园由最初的狩猎保护区变成了自然保护区，面积将近1.5万平方千米。虽然乍看起来，这片广袤的区域似乎没有什么独特之处，但是这里有从草地过渡到林地的不同类型的稀树草原，汇入维多利亚湖的河流沿岸生长着密集的金合欢树林，广袤平原上林木繁茂，为典型的动物群落提

供了特定的栖息地，且一年之中只有特定时间内才可以见到这些动物。这一地区与外围的恩戈罗恩戈罗国家公园、附近的塔朗吉尔公园和马萨伊马拉国家自然保护区一起，共同构成了塞伦盖蒂这一巨大的生态保护系统，而且这里已被确立为“地球生物圈的自然保护区”。

公园的地面通常随着季节变换呈现出一望无际的赭色或绿色的草浪，各种品种的金合欢树、蜡烛形的大戟属植物和没药树属植物随处可见，生长在小径、水道和小山丘边缘的茂盛植物和巨大的花岗岩石堆穿插其

P146-147
数不尽的牛羚正在横渡马拉河，朝着南方的绿草地进行着它们的年度迁徙。一个庞大且混乱无序的牛羚群对于牛羚本身就是一种危险。

P146 下
横渡马拉河是一次高难度的冒险，牛羚要冒着巨大的危险穿越。有许多牛羚会溺水而亡，有些则会被鳄鱼猎杀。

P147 上
牛羚群来到了河岸，它们在横渡之前犹豫了很长的一段时间。当最有冒险精神的一只跳入河中之后，其他的都会跟进。这是非洲最壮观且最富戏剧性的年度盛事。

P147 下
渡过马拉河后，牛羚发现它们还必须爬上险峻的河岸。许多牛羚并没有成功，有的被困在泥淖里；有的被其他的牛羚踩在脚下，最后只能任凭鳄鱼处置。

间。这些花岗岩石堆构成了独特的小生境，为众多爬行动物和敏捷的狐獴、害羞的羚羊、友善的岩兔提供了良好的庇护所。在这里你还可能发现成对的犬羚，这种小型羚羊的身高只有30厘米，鼻子又长又灵活。此刻它们正专心致志地啃食着芦荟和金合欢树丛，有时候还会用后腿支撑着站起来。每隔一段时间，雄性犬羚就会在植物上留下泪腺分泌物，以气味标记地盘。

公园南部的摩鲁小丘是一个引人遐想、妙趣横生的地方。在一片壮丽的芦荟丛中（有的芦荟甚至高达4米），你可以欣赏到马赛人的岩画，旁边也许还匍匐着一只警觉的变色蜥蜴或壁虎。在这里，你还能听到岩兔警告性的叫声，这通常由占有地盘并充当哨兵的雄性岩兔发出。从进化论的观点来看，它们的习性与土拨鼠相似，几乎不可能与大象有亲缘关系。有着显眼的白背和黄爪的黑雕无疑是它们的主要敌人。此外，小丘上还活跃着其他典型的食肉动物，如豹、猞猁和豺。站在高处远眺广袤无垠的大草原，美好风光尽收眼底，这里就是象、白纹牛羚、狷羚、斑马、鸵鸟、疣猪和耳廓狐的家园。

P148 上
未来的猎豹将不再能保证每小时跑97千米。适宜生存的栖息地的锐减和现有族群的有限的基因变异，使猎豹面临着空前的威胁。

P148 中左
猎豹就像是专门为了速度而生的，它有一个小小的头、纤细且强壮的身体和修长的四肢。它那不可伸缩的爪子能保证在落下的时候紧抓地面。

P148 中右
两只小猎豹正在练习捕猎。它们的母亲特意抓来一只易被捕获的活猎物，给它们做练习的对象。这在我们看来像是一场残酷的游戏。

P148 下左
两只年幼的猎豹长着长长的白色鬃毛，这种鬃毛能从头部一直延伸到尾巴根部，会随着年龄的增长而消失。长着鬃毛的猎豹看起来很像蜜獾，蜜獾是一种有攻击性的令人生畏的动物，很少有掠食者敢攻击它们。

P148 下右
经过一番迅速的追逐，猎豹已捕捉到一只羚羊。猎物的死亡过程将十分缓慢，因为猎豹的咬合力弱且牙齿短，不能像狮子那样给猎物致命的一击。

P149 上左
三只母狮出发去捕猎，捕猎期间每只母狮的活动将高度协调一致。狮子是唯一表现出社会行为的猫科动物。

P149 上右
在狮群中，强壮的雄狮气势不凡，主要任务是保护领土和族群。然而，有了幼崽后，它变得温柔起来，耐心地忍受幼崽们吵闹的游戏。

P149 中左
年幼的狮子身上有类似于豹的明显斑点，长大之后它的毛色会变成统一的颜色。这也许是狮子遗传自它们那长着斑点的远古祖先的证据。

P149 中右
幼狮想要玩耍，而它的母亲正在睡觉。成年狮子大部分时间都在休息，而幼狮的活泼和好奇促使它们不断探索世界。

P149 下
一只母狮把约两个星期大的幼狮从一处火灾现场转移到安全地带，火灾往往会周期性地摧毁热带稀树草原。母狮对幼狮真可谓用心良苦。

P150 上
一匹斑马在岸边喝水的时候被鳄鱼咬住脖子，而后被拖入河中，绝无逃生的机会。它可能不会立刻被吞食，而是在水里慢慢腐烂。

P150 下左
虽然鳄鱼能用它那强壮的四肢迅速移动，但是只有在水中它才能享受真正的安逸。当受到骚扰时，它总是躲入水中。

P150 下右
刚孵出的小鳄鱼大约有30厘米长。母鳄鱼正小心翼翼地用它那有力的颚，把小鳄鱼送到相对安全的水域。

P150-151
鳄鱼那可怕的颚紧紧夹住一只汤氏瞪羚的头。这种爬行动物猎杀大型哺乳动物的招式往往是在水中埋伏等候，然后在猎物喝水时一举得手。

P151 下
格鲁梅蒂河四周有茂盛的植被，是塞伦盖蒂国家公园内观察水栖动物（如河马和鳄鱼）的理想之地。

在这些野生动物中，你还可以看到马赛人的牛群。马赛人是这块陆地上最闻名遐迩的民族，目前通常将他们划分在尼罗河语族中的马阿语族系。马赛人于17世纪从埃塞俄比亚来到这里，直到1850年以前，他们都被其他民族视为最令人闻风丧胆的勇士。然而19世纪末，牛瘟、干旱、饥荒和水痘使这个民族的人口锐减，后来又分裂成两个派系，互相争斗。失败者不得不把牛群献给胜利者，并且转而从事农业。如今，马赛人仍然过着以畜牧为主的半游牧生活，其食物来源主要是乳制品。牛肉是他们的主食，绵羊奶和山羊奶通常被视为妇女的食物，而野生长角羚与水牛则被视为美味佳肴，它们也是唯一会被猎杀的野生动物。为了能够接近更多的动物，向导往往会陪同游客前往靠近水源的地方，尤其是公园的中央地区，在那里，热带稀树草原逐渐变为茂盛的金合欢树丛，其间混杂着悬铃木、榕树和吊瓜树。“吊瓜”是指这种树的特殊的果实。尽管吊瓜树的树干很细，但是高度往往超过10米。它的果实长达90厘米，重达4千克，人类食用后会中毒，但是这种果子对于猴子和野猪来说却是佳肴。如果你闻到附近有恶心的臭味，那可能是一棵吊瓜树开花了，因为它要依赖苍蝇授粉。在河岸上，还可以看见许多动物前来喝水留下的足迹：长颈鹿又长又窄的蹄印、水牛的大圆蹄印，以及土狼、豪猪与犀牛的蹄印。只需静静等候，这里绝对不会让你失望。

有时你会听到沙沙声，那是一只高角羚正走出小树丛前来侦察。它会竖起长耳朵仔细聆听，走几步之后又迟疑地停下来，如此走走停停，直到抵达水边。在它身后的是一只扭角林羚——这是唯一一种长毛羚羊。还有一群像是来护驾的狒狒，它们正在寻找水生植物的种子（主要是睡莲）。最后是敏捷、温柔且谨慎的长颈鹿，它害羞地叉开前腿在岸边舔水喝。河边的芦苇丛中鸟类繁多，塞伦盖蒂以拥有350多种鸟类而闻名。

河马的攻击性很强，尤其是当公河马为保卫母河马而与其他对手搏斗的时候。一只河马正露出它的牙齿，意图恫吓对手。

P153 上
从伊顿佐山丘可以望见热带稀树草原上遍布的金合欢树，一群非洲水牛正经过那里，它们为了寻找牧草地不停地奔走，每天甚至可以走几万米。

P153 中左
一大家子的河马泡在格鲁梅蒂河泥泞的水中。这些动物不能离开水，白天它们要靠河水保护赤裸的皮肤，以免被太阳暴晒。

P153 中右
巨大的体形、巨大的角和急躁的性情使得非洲水牛成为非常危险的动物。对狮子来说，它也是非常棘手的猎物，要攻击它们，一定得采取群攻策略。

P153 下左
只有在一天中最凉快的时候或者夜晚时分，河马才会来到干燥的地面上，这时候它们主要是去吃草。每天在回到水中以前，每只河马大约要啃食36千克的植物。

P153 下右
非洲象的外耳表面积很大，有助于散热。这是非洲象为适应烈日炎炎的稀树草原而产生的身体外形的改变。

太阳升起，塞伦盖蒂新的一天开始了。一只母狮似乎在和我们一起欣赏美丽的黎明。这是一片引人共鸣的美景，这里每天都上演着生动的戏剧。

在比较平缓的河段，河马是主人，它们以河床上的植物为食，可以在水下待上长达20分钟；而在比较湍急的河段，鳄鱼漂浮在水面纹丝不动，看起来就像一段树干。塞伦盖蒂的年度周期可以以斑马、白纹牛羚和瞪羚的出现为标识，因为它们总是沿着公园周围以顺时针的方向迁移来寻找食物和水源。

12月的第一场雨催生了平原茂盛的草芽，塞伦盖蒂和恩戈罗恩戈罗国家公园的交界处是兽群共享的广阔土地，大多数动物进入了交配季节。而斑马也大多是在这个季节出生，褐色斑纹的小斑马开始在母亲身边练习小跑，而雄性斑马群这时候则在互相踢咬。这群动物中，当数牛羚最冷静，这些牛羚经常假装互相攻击，把犄角紧紧地顶在地上，好像在模拟战斗。比起真枪实干，它们似乎更喜欢互相卖弄，很少会真正伤害对方。大部分的牛羚在2月左右出生，广袤的南方草原哺育了大约200万只牛羚。此外，这里还有30万只斑马、瞪羚、大角斑羚和白纹牛羚。随后，3月里频繁的降雨会把整个保护区变成绿色的海洋，于是兽群渐渐朝北迁移，循着水道经过“西部走廊”，穿过树木繁茂的地带。成列的兽群往往可以绵延数千米。

雨季于6月结束，烈日下，绿色的平原很快转变为黄色和赭色。各种金合欢树开始炫耀它们仅存的“刺”，泉水也逐渐干涸。对于食草动物，命中注定的日子已经来临：“大迁徙”开始了，它们将去往河流永不断流的地方。大地在奔腾的动物的蹄下颤动。在一片铺天盖地的尘埃中，只听得见呼噜声和哞哞声，幼崽的叫声完全被淹没。在短短三四天内，它们必须穿越200千米，只有体格强壮的动物才能成功，那些体弱的动物就成了等候在格鲁梅蒂河的鳄鱼的美餐。爬行动物们会想方设法捕捉尽可能多的猎物，它们会先将猎物淹死，然后在周围恢复平静后慢慢享用。

鬣狗、豺和秃鹫整晚不停歇地争抢大迁徙的牺牲品。而同时，许多母兽则会来来回回涉水，试图找回它们丢失的幼崽。赶往北方的迁移兽群抵达目的地后，行进速度终于缓慢下来。在8—10月（这时是塞伦盖蒂最干旱的季节），动物群可以充分享用肯尼亚境内的马萨伊马拉国家自然保护区里常年充沛的水源。

马萨伊马拉国家公园设立于1961年，这里也是1889年马赛人被安置的地区。这里保留了一片丘陵地带，水系网在其中纵横交错。马拉河是最主要的水道，它的浅滩是迁移而来的食草性动物最喜爱的落脚点。在这里，狮子和猎豹在等待时机，扮演它们自然选择过程中的重要角色；每隔两三天适当地捕捉猎物，就可以为自己提供足够的营养。到了11月，食草动物灵敏的鼻子开始觉察到即将到来的第一场雨，植物也将慢慢开始发芽。羚羊群选择不同的路线回归南方，它们将在那边品尝第一片鲜嫩的绿草，一个新的生命周期又开始了。

Tsavo and Amboseli National Parks

察沃与安博塞利国家公园

肯尼亚

P156 左

乞力马扎罗山是一座火山，是所有穿越热带稀树草原的人的必经之路。它是一座海拔约5895米的活火山，山峰顶部的冰雪中隐藏着火山喷发口。

P156 右

东非平原上生活着许多种斑马，其中最常见的是伯切尔斑马。它们通常以小家庭为单位，过着群体生活。伯切尔斑马家庭通常由一只担当统领的雄马和几只雌马组成。雄马要保护这些雌马，并与其他对手斗争。

P157 上

两个巨人：乞力马扎罗山和长颈鹿。乞力马扎罗山是非洲大陆上最高的山，海拔5895米；雄性长颈鹿的身高通常超过5米。背景处乞力马扎罗山清晰的轮廓与长颈鹿形成了鲜明的对比。

放眼望去，伴随着千万种深浅不一的草黄色调——黄色、赭色、黄褐色，一片金色绵延无际，逐渐与橘色和红色的天空相接，靛青色和紫罗兰色的晚霞正伴随着巨大而炽热的落日西沉。白天即将结束，很快就有许多像大眼睛精灵一样的小婴猴为了捕食昆虫，在金合欢树枝丫间跳跃；猫头鹰缓缓从白天休息的白蚁丘上飞过，豹子放轻脚步找寻猎物。热带稀树草原上，所有动物都已经为夜晚的降临准备就绪。肯尼亚东南部的公园配套设施齐全，许多小旅馆的条件甚至可与欧洲酒店相媲美。公园邻近肯尼亚首都内罗毕，正因如此，许多（甚至是太多）想圆“荒野非洲梦”的游客蜂拥而至。

P157 中
冕鹤（或称孔雀鹤）是最美丽的非洲鸟类之一。它的标志是长着由细长羽毛组成的头冠。冕鹤栖息在灌木丛生的河岸或沼泽地带，主要以小动物和植物种子为食。

P157 下
水羚每天都会奔往有水的地方喝水，它们通常不会离水源太远。

P158-159
一群大象在东察沃国家公园里漫步。这种动物需要广阔的领土来寻找水源和牧草地。如果被限制在太小的区域里，它们一定会为食物而发愁，这等于剥夺了它们的生活必需品。

P158 下
在干旱的季节里，即使是小小的烂泥塘也能吸引察沃国家公园里的动物。水塘四周低矮的植物被践踏的伤痕清晰可见，那是前往水塘的动物留下的足迹。

P159 上
被成年象呵护着的幼象无忧无虑。在动物世界中，象有着极强的亲代抚育意识，因此幼象的存活率非常高。

颠簸在坑坑洼洼的小径上，密闭的车厢很快让人感到闷热晕眩。但是一想到有机会用相机捕捉到在水坑喝水或捕猎中的掠食者的影像，人们就会倍感兴奋，感觉自己仿佛变成了电影或纪录片中的探险明星。这就是肯尼亚察沃国家公园的场景。它成立于1984年，后来因行政管理方面的原因被分成东察沃国家公园和西察沃国家公园。公园的名字取自流经这里的察沃河，在瓦坎巴语中，它的意思是“屠杀”。瓦坎巴语是很早以前就扎根于这片土地上的班图族（Bantu）的语言，他们可能来自乞力马扎罗山。他们最初是牧羊人，后来试着狩猎，之后从狩猎和探险活动中赚钱。如今，他们大多从事生产有民族特色的珠宝和木雕。

整个保护区包括两个国家公园和邻近的保护区，总面积超过2.3万平方千米，为这里的生物提供了丰富多样且广阔无垠的栖息地。牧草繁茂的平原与点缀着树林和灌木丛的热带稀树草原相互交错。热带稀树草原上还有数不尽的金合欢树、猴面包树、酸豆树、糖椰树和非洲棕榈以及茂密的树冠层森林。

东察沃国家公园大约有2/3的区域用于科学研究，不对游客开放。尽管如此，这个公园可供造访的区域面积仍非常大，其中特别值得关注的景点是卢加德瀑布。卢加德瀑布是加拉纳河的急流之一，瀑布后方是由远古熔岩流形成的亚塔高原，它一直延伸至肯尼亚首都内罗毕。这里常年可以看到众多哺乳动物、爬行动物和百余种鸟类。另一个著名景点是木丹达岩层，这是一处超过1.6千米长的巨型花岗岩小丘，丘底建有一座水坝。

西察沃国家公园常年水源充沛，微风习习，

P159 中
两只雄性非洲象相互对峙，摆出气势汹汹的架势，不时发出嘈杂的吼声。对于成年象来说，这是交配权的争夺战，而对于幼象来说，这却是一场游戏，但也是一场关于如何做一只成年象的训练。

P159 下
在安博塞利平原上，一只象正用它的长鼻子优哉游哉地拨弄着青草，牛背鹭则趁机掘出一些躲藏在植物中的小动物。

一些野生动物总是情不自禁地驻足于此，喝水或休憩。这里的主要景点是姆济马喷泉区，在非洲棕榈和野生榕树的掩映下，泉水清澈见底。你还可以去专为游客修建的特殊窗口，欣赏美妙动人的水底世界：罗非鱼、魮鱼和鲶鱼在眼前游来游去，河马在水底溜达，鳄鱼慢慢滑行，非洲沼泽常见的盾牌龟在岸上晒太阳。

公园内最引人注目的主要是数量庞大的象群（达700头以上）和水牛群（达1000头以上），这在全世界都是独一无二的景观。在旱季，大象用象牙挖猴面包树的树干吸取树液，常常在巨大的树干上留下明显的痕迹，这种树的树围可达40米。尽管如此，这种树仍然可以继续生存，由此可见它们的耐力之强，目前已知最古老的猴面包树已有3000年的树龄了。象、水牛、犀牛、狮子和豹号称热带稀树草原的“五巨头”，也生活在安博塞利国家公园附近。如今的安博塞利国家公园面积缩小到了约390平方千米，而曾经的保护区面积则超过3100平方千米。

马赛人的牧群不再被允许进入这个区域喝水，保护区外面已为他们开辟了许多水源。这样做是为了避免20世纪70年代的不幸事件再度重演。当时由于旱季过长，马赛人将牧群引到这些源源不断地有地下泉水补给的水源附近，而野生动物却因害怕牧群而离开，结果导致大部分野生动物干渴而死。

P160 上
斑鬣狗紧紧地咬住疣猪的头残骸。疣猪即使长着长尖牙也救不了自己，因为鬣狗的牙齿格外锐利，连最坚硬的骨头也可以咬碎。

P160 下
三只鬣狗幼崽在争夺刚由成年鬣狗反刍出来的一块肉。照片清晰地展现了热带稀树草原上艰苦的生活，然而也向我们展示了幼崽和成年鬣狗之间由血缘联结的亲密无间的关系。

P160-161
鬣狗是非洲大草原上最高效捕猎的食肉动物之一，这主要得益于它们群体成员之间的高度协作。即使如此，鬣狗仍是非洲濒临灭绝的哺乳动物之一，整个非洲大陆只剩下几千只。

P161 下
一有动物尸体，皱脸秃鹫总是最先赶到，它远在几千米外就可以发现动物尸体。皱脸秃鹫的体形远远胜过其他秃鹫，迫使其他秃鹫不得不乖乖在它后边排队等候。

在金合欢树丛和林冠森林深处，时常会有各种令人意想不到的动物在此散步，这处小公园最壮丽的景观是在日出时刻。当夜间的声音渐渐消退，第一道曙光划破黎明来临之前的寂静，乞力马扎罗山的两座山峰的轮廓会短暂显现，那是基博峰的火山冠和马文济峰的锯齿状山顶，只顷刻间，它们就又隐在了云雾之中。

Virunga National Park

维龙加国家公园

刚果（金）

乳白色的浓雾中传来一阵沙沙声，一只有着银灰色肩膀的巨型野兽终于出现在眼前。浑身无毛的小个子人类游客和这只温和的、动作迟缓的大猩猩对望了一会儿。从进化角度看，这只大猩猩算是我们的巨型远房亲戚。在这激动人心的时刻，长途旅行产生的辛劳和疲惫转眼间被抛到了九霄云外。尽管小径泥泞，频繁光顾的大雨带来的潮气好像能渗透到骨子里，还有讨厌的昆虫团……但此刻，一切都是那么美妙。

与生活在平原上的其他大猩猩相比，山地大猩猩的体形更大，毛更长，只栖息在维龙加山脉的森林里。维龙加山脉是火山山脉，许多山峰仍是活火山，其中海拔4507米的卡里辛比火山是这里的最高峰。这些坐落在非洲东部中央的山脉形成了卢旺达、刚果民主共和国［刚果（金）］和乌干达三个国家的天然边界。与山脉同名的维龙加国家公园，实际上是一条位于卢旺达和刚

P162 上
萨比尼奥火山的侧影无论如何都不会被认错。维龙加国家公园环伺在火山的周围，森林看起来漫无边际，掩盖了潮湿的沼泽、空地和深谷。

P162 下
坐落在高山上的小湖看起来好像浮在半空中一样。在这里，由火山灰沉积形成的肥沃土壤孕育了茂密的植被。由于山顶上的浓雾终年不散，游客只能偶尔欣赏到那些丰美植物的姿容。

P163 上
浓密的森林覆盖着维龙加山脉，这里是山地大猩猩最后的家园。山地大猩猩的栖息地看起来深不可测，但这并不能阻吓偷猎者。

P163 下
大猩猩一家在午休。在作为首领的雄性大猩猩慵懒的监督之下，两只年幼的大猩猩正忙于互相梳理毛发。通过触摸进行社交互动是这个群体中最基本的行为。

果（金）之间的长40千米、宽15千米的带状地域，不过公园的边界经常发生变动。

乌干达境内还有一个保护区，十分遗憾的是它不仅面积小而且相当偏僻。这里的海拔超过3000米，昼夜温差很大。可以毫不夸张地说，这里白天如炎炎夏日，晚上却若凛冽寒冬。事实上，这里一天之内的温差比起其他地方半年内的温差还大。此处的植被主要是大片的竹林，海拔较高处则是荒野，那里长满了帚石南、半边莲、苔藓、青苔和奇形怪状的典型的千里光属植物。

不同于黑猩猩的杂食习性，大猩猩完全吃素。它们的食谱中有多达50种植物，但它们最喜欢

P164 上
特写镜头中的大猩猩似乎在沉思：我是否要变得更加冷酷和鲁莽？这种温和的巨型动物若真的灭绝，那将是真正的悲剧。

P164 下左
镜头捕捉到了年幼的大猩猩沉浸在游戏中的景象。大猩猩长得很快：四个月大的时候就能快速奔跑，七个月大的时候就能敏捷地爬树。大猩猩妈妈会照顾幼崽至少到其三岁。

P164 下右
曙光中，一只居统领地位的雄性银背大猩猩（因其背部呈银灰色而得名）在展露它那健壮的肌肉。从外表来看，大猩猩与它们那温和的表亲人类相差甚远。

P164-165
大猩猩遇见对手的时候，会尝试用可怕的表情、尖叫声以及展现全身的力量来恐吓对方。不过，大猩猩很少会攻击撤退中的敌人。

吃的还是竹子，每只大猩猩每天可以吃掉20～30千克的竹子。这种过量饮食的倾向，让几乎每一只大猩猩都是大腹便便的，还经常引起消化问题。它们只要伸出“手”，就可以获得食物：这简直就像是坐在一个巨大的饭碗中。大猩猩群时常迁徙，所以不至于毁坏植被，那些植物很快便会再长出来。

对这些体重可达200千克的大猩猩来说，每天的生活都很单调。一阵雨降落或一缕阳光透过薄雾或许就成了一个它们社交和简单观察其他森林居民的特殊的时刻。一只雌性大猩猩停下来观察着一只小变色龙：这真是个奇怪的小家伙，它步伐缓慢且一本正经，尾巴卷成一团，此刻正沿树枝前进；而变色龙也在细细打量着这只大猩猩，它的双眼可以各自单独活动，它先用一只眼看，再转过来用另一只眼看。不远处，一只雄性大猩猩发现了一处兵蚁窝。兵蚁幼虫即将变成蛹时，大猩猩会搭建临时的窝，并时刻准备着猎取任何可能得手的猎物。这些蚂蚁是补充动物蛋白的绝佳来源，但它们的口器能穿透哪怕是最厚的毛皮，并对来犯的敌人一通痛咬。大猩猩若想享用这些可口的食物，唯一机会就是抓一把蚂蚁然后赶快逃跑。

只有游历了这座公园，你才能开始了解在这森林中度过了大半生的著名学者黛安·佛西。她从1967年起就住在这里，直到1985年被谋杀。如今，她安息在她原本为大猩猩“朋友们”建造的墓园里。

这里的许多动物都是本地特有种，但还有很多和保护相关的问题尚待解决。当地居民资源匮乏，考虑到火山沉积的土壤非常肥沃，他们希望将公园土地用于木材砍伐、放牧、狩猎以及农业生产。事实上，一家跨国公司已经为在当地建立菊花种植园进行了大量投资。许多当地居民从未见过大猩猩，也不了解它们的重要性；因此非常有必要制订保护计划，由公园巡守员对当地居民进行宣传和教育是至关重要的。

自然旅游业的目的在于为公园筹募资金，但只有在严格的限制下才能推广（例如为了预防疾病的传播，只允许游客与大猩猩在至少5米的距离上最多相处1小时）。人们担心，山地大猩猩很可能在被发现后的一个世纪之内消失。近年来人们致力于山地大猩猩的保护，其种群数量正日益上升。目前，全球野生山地大猩猩的总数量超过1000只。针对大猩猩物种的生态学研究仍在进行中，科学家们同时也关注当地其他动物的研究。其他食草动物，特别是维龙加山脉和周围森林中最常见的猕猴，大都喜欢吃竹笋，如此一来，必然与大猩猩存在着食物方面的竞争。栖居在这里的动物们还面临着另一重危险：此处是活火山区，火山喷发可能毁坏部分森林，且不可预测。但这个危险的存在也能阻止人类在此聚居，这实际上增加了大猩猩的活动空间。可是将来呢？将来我们能否确保这些奇妙的亲戚可以有尊严地生存下去？这值得思考。

热爱大自然的人们如果希望在野生环境中观赏动物，那么，纳米比亚共和国是个不错的选择。纳米比亚拥有丰富的自然美景，明智而有远见的当地政府建立了一系列国家公园对这些景观加以保护，每年都有大量游客来此参观，为这项环保政策带来了丰厚的经济回报。

纳米比亚拥有非洲大陆上最古老且重要的国家公园之一——埃托沙国家公园。这是一座面积超过2.2万平方千米的公园，在全世界都是一个独一无二的存在，因为它不仅拥有数量丰富的动物，还拥有独特的生态系统，且到目前为止，这里仍然是一方未遭受人类活动干扰的净土。公园位于纳米比亚北部，离安哥拉共和国边境不远。在这片土地上，绵延起伏的热带稀树草原和牧草地连成一片，共同形成了一个永恒的小天地。1907年，这片区域变成狩猎保护区的一部分，由于当时野生动物被有组织地大量捕杀，德国殖民总督冯·林德奎斯

P166 上
作为掠食者，豹并不善于长距离的追逐。它更喜欢藏在栖息地中的岩石凹口或茂盛又隐蔽的树林中，出其不意地突袭猎物。

P166 下
羚羊最著名的就是在危急时表现出的惊人的跳跃本领。跳跃时它的脚是并拢的，且能够非常迅速地连续跳跃，这种行为不仅是要警示其他同伴，而且也是要让掠食者丧失追捕的信心。

P167 上
在这个多半被灌木丛覆盖的干燥平原上，壮美的二歧芦荟是这里的优势物种。非洲公园以它那壮观的动物群闻名遐迩，然而这里的植物群也一样的魅力非凡。

P167 下
由于身材比例的关系，长颈鹿只能用非常不舒服的姿势喝水。长颈鹿的身躯庞大，再加上它们习惯集体行动，因而能有效减少被掠食者捕猎的风险。

特为保护野生动物而设立了这个保护区。此举既有助于保护整个区域的生态环境，又唤起了人们对于自然保护的兴趣。1958年，这里建立起一座真正的国家公园，在1970年重新划定公园边界时，人们在公园周边竖起了超过800千米的围篱，那时的围篱现在仍然存在。

壮观的埃托沙盐田几乎位于公园的中心位置，面积约4800平方千米。在奥万波人（生活在该地区的数量最大的族群）所使用的语言中，它的意思是“巨大的白色洼地”。这片盐田是一个远古湖泊的最后遗迹，从前的湖面波澜壮阔，而如今只在特定的季节才有湖水。在每年5月到10

两只长角羚在荒凉的沙漠漫游。这些体形庞大的羚羊能在水分缺乏的地方存活下来，实在令人难以置信，这得归功于它们随环境进化的生理适应能力。

月的旱季，这里如同一片被热带稀树草原包围的白色梦幻沙漠。事实上，随着湖水的蒸发，整个平原会沉积下一层白色盐壳，其中还夹带着各种不同藻类和矿物质，呈现出淡淡的色彩变化。

正午灼热的阳光下，地平线上描画出轮廓的海市蜃楼往往会欺骗人的眼睛。每天日落时分，埃托沙都会上演一场引人入胜的表演，落日余晖好似一片火海，欲将整个平原吞噬。在洼地南边，底部的地层露了出来，水塘和小湖随处可见，这是公园中最吸引动物们的地方。这些有水源的地方是真正的动物聚集地，尤其是在旱季，许多口干舌燥的食草动物都会聚集到这里，甚至会与掠食者肩并肩一同饮水。

要观赏埃托沙的野生动物必须早起。斑马、扭角林羚、长角羚和瞪羚都喜欢在清晨时聚集到这里畅快地喝水，狮子和豹则慢悠悠地在旁边溜达，它们之间好像达成了一种默契——在这喝水的短暂时刻，放下一切敌意。稍后，掠食者和猎物的角色又会回归，它们之间要不可避免地为生存而战。动物靠近水源时似乎有一套精细的秩序：首先是狮子，这彰显了它们的绝对“王者”地位；接下来才是其他的掠食者——豹、猎豹、鬣狗；之后才轮到食草动物，它们乌泱泱地挤到岸边，几乎毫无秩序。

而大象总是无视这种饮水秩序，它们经常成群结队抵达水边，用粗重的象腿扬起漫天尘土，此时，谁将第一个喝水就不用说了。雨季从11月持续到来年2月，那时候这里就很少有动物群集的景象了，因为此时水源丰富，动物们便分散在了公园各处。这也是植物茂盛生长的时节，河水经常泛滥到

小径上，要在公园内四处行走就变得非常困难。盐沼泛滥的时期吸引了大量的鸟类前来觅食，如鹈鹕和红鹳。此时游客常能看见它们在天空中飞翔，好似一队完全同步的飞行特技表演者。在数以千计的振翅高飞所形成的粉色旋风中，碰撞似乎在所难免，但是却未发生。公园内有完备的旅游设施，食宿都不成问题。这里最引人入胜的地方是公园东边的纳穆托尼堡，它是德国军队在20世纪初为了对抗万波族所建造的堡垒。

公园的西边则是奥考奎约营地，公园总管理处就设在这里。那附近有一口水井，晚上有灯光照明，这样游客就更容易看到动物了。想在10米之内靠近黑犀牛并不难，尽管这些皮糙肉厚的大型动物在全非洲都十分罕见。多亏人们制定了一套针对黑犀牛的保护繁殖计划，目前全世界范围内黑犀牛的数量超过了3000只。这块区域也是犬羚最后的庇护所，犬羚高约40厘米，重约6千克，是世界上体形最小的羚羊。

希望在公园自驾游的游客必须做到不去惊扰动物，并遵守一些简单规定（这些规定大部分都是常识），当然也不能将自己置于未知的危险中，毕竟这还是一片未被驯化的土地。公园里限速为每小时60千米，如果附近有动物活动则一律禁止下车，即使它们看起来并不危险。一些简单的预防措施将使旅行更为愉快。只要我们稍加留意，就会很快发现快乐的猕猴在香松豆树丛中跳跃；还能看到高高的长颈鹿迈着长腿灵巧地从一棵金合欢树走到另一棵金合欢树；甚至还能辨认出一只孤独的豹子站在白蚁丘顶上视察领地的身影。

在这里旅行，我们面临的最大风险就是拜倒在大自然美好风光的石榴裙下，流连忘返，不愿离开。

P169 上
没有多少地方可供埃托沙象找到足够的水源。事实上，非洲象数量最多的地方是在最干燥的地区。

P169 中
鸵鸟善于长跑，这也弥补了它无法飞行的缺憾。它行动自如，为了寻找最舒适的栖息地可以跑很远。鸵鸟通常集体迁徙。

P169 下
在埃托沙荒凉的平原，口渴是最严重的问题之一。一有喝水的机会，斑马等口干舌燥的动物都会一口气喝个够，甚至不顾及埋伏在一旁的掠食者。

Moremi Game Reserve and Chobe National Park

莫雷米禁猎区与乔贝国家公园

博茨瓦纳

P170 左
奥卡万戈三角洲的空中俯瞰照片。这条河的发源地在非洲西部，河水向东流去，并逐渐消失在沙漠和热带稀树草原中，由此形成了世界上独一无二的生境。

P170 右
一只孤独的驴羚快步穿过泛滥平原。驴羚是一种水羚，只聚集在水源丰富的地方，因为它们不喝水就难以生存，哪怕只是在短暂的时间内。

200万年前，在如今的博茨瓦纳有一个未被命名的湖泊，也许是因为当时这里尚没有人类居住。它可能是当时非洲大陆上面积最大的湖，接纳了几条发源自遥远山区的大河。后来受到地壳运动影响，东边支流的河道被迫转向。这几条河流当中，有一条便是我们今天所说的乔贝河，它向东流，汇入赞比西河，最后注入印度洋。因此这个古老的湖水量大减，周边气候进而变得非常干燥，干涸的大盆地只剩下了不宜栖居的广大沙地和盐土，这就是卡拉哈迪沙漠北部马卡迪卡迪盐沼的前身。如今，这条河流有了一个新名字——奥卡万戈河，它流经沙漠和热带稀树草原，却不再注入湖泊。它发源于安哥拉境内的山脉，虽然离大西洋不远，但却固执地向东流，试图抵达遥不可及的印度洋。最终它未能如愿，水

P171 上
奥卡万戈三角洲的一个支流将富有沉积物的水带入希格拉潟湖，只有从空中俯瞰才可能真正领略这种错综复杂的环境的整体特性。

P171 下左
在奥卡万戈河流域众多的鸟类当中，南红蜂虎无疑是最华美的、最艳丽的鸟类。南红蜂虎以昆虫为主食，它那长长的鸟喙就是为捉虫子而生的。

P171 下右
南红蜂虎在土壁上挖凿的隧道中筑巢。它们往往在符合这种地形要求的不同区域开拓栖息地。这种色彩缤纷的鸟聚集在一起，成为热带非洲变幻万千的奇景。

流消失在沙漠中，形成了面积将近2万平方千米的广阔的内陆三角洲，造就了全非洲最壮观的自然景观之一。奥卡万戈流域密布着无数岛屿，水流经过弯曲的河道，孕育出大片芦苇和纸莎草。植物令曲折的河流步伐更加缓慢，河道也被拉得很长。在长达5个月的河水泛滥时期，从三角洲中心到边缘300千米的河道落差只有60米。

河水周期性的涨退，给这片错综复杂的区域带来勃勃生机。极其丰富的生物多样性是这里的特色，其东北部处在莫雷米自然保护区之内。莫雷米位于马翁镇北方，是观赏三角洲丰富的动物群的绝佳地点。通常情况下，游客会从马翁镇搭乘小飞机到保护区。保护区里只有少数装备齐全的露营地能通过陆地交通（比如公路）到达，而且无论如何，选择陆路旅行都不太方便。要清楚地认识三角洲的错综复杂性及其与周边沙漠的关系，饱览三角洲非同寻常的美景，乘坐飞机无疑是最佳选择。

奥卡万戈河塑造了数千个岛屿，它们通常很小，岛上点缀着棕榈树，棕榈树的绿色与淹没区域底部的芦苇和纸莎草所呈现出的颜色形成鲜明对比。此处水的透明度高，水质优良到可以直接

一群水羚飞驰着越过水中的小岛。奥卡万戈河三角洲遍布着数不清的这样的小岛，丰富的动物群和多样化的栖息地使这里成为整个非洲大陆上最壮观的自然景点。

饮用。岛屿周围有白色沙滩，水天交接处因天空的反射而呈现出迷人的深蓝色。岛上纵横交错的小径上有动物经过留下的痕迹，游客在三角洲的复合环境中可以直接观察到数百种动物。

这里生活着400多种鸟类，其中有许多非常喜爱沼泽生活的鸟类，包括水雉。这种体形娇小的鸟的脚趾特别长，因此可以轻盈地在漂浮的植物上行走。最引人注目的是鞍嘴鹳，这是一种大型的鹳，有着色彩奇特的鸟喙，常和其他的鸟类混在一起，包括鹭、鹳、雁、鸭、鹮、琵鹭、鸬鹚和蛇鹈。蛇鹈又名“蛇鸟”，因长而灵活的脖子得名，这一构造能帮助它们高效地捕鱼。

至于哺乳类动物，除了大象和河马，还有水羚和行踪无定的林羚。林羚是奇特的羚羊，其标志性的特征是强有力的腿和长蹄，借助这独特的“装备”，即使在泥泞的地面上，林羚也能站稳。除了躲在草丛中，林羚还能长时间潜伏于水中，只留口鼻露出水面呼吸，以躲过地面上的掠食者，但想躲过水里的鳄鱼就难了。

三角洲中面积最大的岛是位于莫雷米自然保护区内的奇夫岛，面积超过1000平方千米。这里的热带稀树草原和沼泽混合在一起，生物多样性丰富。要参观这处非常特别的自然景观，最好的选择是乘坐摩科罗。摩科罗是非洲一带典型的独木舟，由特有品种的柿树的树干凿刻而成，这种木材可以兼防白蚁和水。摩科罗使用的撑船竿是用坚固而有弹性的绢毛榄仁树的树干制成的。船夫站着撑竿划行，漂浮在清澈的水面上，绕过睡莲，穿行在芦苇丛和纸莎草丛之间。

在南半球，一年中最佳的旅游时节是冬季。这个时节阳光灿烂，空气清新，而且没有夏天那种令人难以忍受的闷热，也没有讨厌的蚊子，而且由于正值旱季，动物们都倾向于聚集在潮湿的

地带。

从莫雷米自然保护区出发向东北方向走，越过一处广阔的灌木丛，就到了乔贝国家公园。这个国家公园设在博茨瓦纳的最北边，位于纳米比亚与津巴布韦的边界上，与维多利亚瀑布相距约80千米。乔贝国家公园具有多样的自然环境及种类繁杂的生物群，它的“多”和“杂”在世界范围内的国家公园中都属罕见。一年一度的斑马大迁徙发生在国家公园的西南部，主要集中在马巴贝洼地。

莫雷米禁猎区和乔贝国家公园是博茨瓦纳最重要的两处保护区，这使博茨瓦纳成为非洲大陆最重视环保的国家。博茨瓦纳北部的雨季较长，因此分布着丰美而广阔的热带稀树草原和树叶宛若蝴蝶的香松豆树林。动物们充分利用了这里的天时地利，成群结队的食草动物以惊人的规模出现，不只是观光客，狮子、豹和鬣狗等掠食者见了也非常开心。从11月到次年4月，热带稀树草原上降雨密集，兽群往往分散在四面八方。但因为此时的降雨并不均匀，它常常在某一时段只集中在一个区域降临，而在其他区域则焦金流石，这使得动物们不得不随着降雨迁移、四处流浪。

在旱季，动物群会集中在固定的河道附近，比如乔贝河、利尼扬蒂沼泽、奥卡万戈三角洲以及降水量大时才会现身的博泰蒂河。若要观察动物，傍晚时分前往水源地是最佳选择。高角羚、黑羚羊、水牛和斑马，全都小心翼翼地低头喝水，生怕引起掠食者的注意。在热带稀树草原，饥饿和口渴是最严重的问题。不过相对来说，象不怎么担心安全问题，因为它们像小山一样庞大，稍微识相点的食肉动物是不敢攻击它们的。象也非常擅长找寻水源，它们熟悉每一处水源的位置，只有在旱季，它们才会到乔贝国家公园来。尽管这时候香松豆树的叶子已变黄，但仍然美味且营养丰富，不过，水源丰富的乔贝国家公园对象群的吸引力还是占了上风。

P173 上
一连串的运河、小岛，洪水泛滥的稀树草原和一望无际的纸莎草原野，这些都是奥卡万戈河三角洲的标志性景观。在这里，各类栖息地交错成一片广阔的区域，各有各的范围，因而适合多种多样的动植物生存繁衍。

P173 中
平静的沼泽被动物飞奔时溅起的水花激活。然而，这并不是游戏，而是雄性红水羚在交配期爆发的一场领土之争。

P173 下
在水和泥淖中打滚对于大象来说是非常重要的事，因为这样可以保护它们的皮肤免受脱水和寄生虫的困扰。当然，小象在这里玩得最开心。

Kruger National Park

克鲁格国家公园

南非

传说在很久以前，象的鼻子是短的。一头年轻又没有经验的小象一意孤行，不听老象的忠告。老象告诉过它，不要去林波波河的泥泞浑水中，因为那里面藏着鳄鱼。小象想鳄鱼究竟是什么呢？在好奇心的驱使下，小象还是到了河岸边，起初它觉得这儿并没有什么特别可怕的东西。河水太浑浊了，小象看不清水下的情形。当它把头探入水中时，麻烦来了！鳄鱼的牙齿深深嵌进了小象的鼻子里。它拼命地想要挣脱，想尽办法不让自己被拖入水里；它大声呼救，然而同伴都没有听到。当马上要被鳄鱼拖下水的时候，它用脚紧紧地抵住河岸。突然间，鳄鱼紧咬着的牙齿松动了一下，小象趁机摆脱了这可怕的鳄鱼。但是，它的鼻子因为被用力拉扯，已经不成比例地变长，这让它羞于面对同伴。从那时起，这头象就变成了有长鼻子的象，它也变得更聪明了，而且永远不会忘记年轻时的教训。

P174 上
高角羚是非洲极为常见和分布广泛的羚羊。图片中的这只高角羚在静静地喝水，它完全不理会众多牛椋鸟的骚扰——这些鸟啄食的是高角羚身上的寄生虫，这对高角羚来说正是求之不得呢！

P174 下
扭角林羚是一种生活在树木繁茂的稀树大草原和矮树丛中的典型的羚羊。雄性扭角林羚长着一对美丽的螺旋状犄角，令人印象深刻。克鲁格国家公园内，品类繁多的食草动物各有其偏爱的植物，因此，争食现象并不常见。

P175 上
萨比河是流经克鲁格国家公园的主要河流之一。茂盛的灌木丛是动物理想的栖息地。

P175 下
象河给这片交错着灌木丛的干燥的稀树草原带来水源和清凉的慰藉。这是克鲁格国家公园保护区内最典型的栖息地。

这只是众多流传的故事之一，其中的魔幻成分给非洲大陆增添了许多神秘的色彩。林波波河的泥泞河水流淌在南非共和国和莫桑比克的边境，充当着非洲大陆上最古老的公园之一克鲁格国家公园的边界。克鲁格国家公园是以德兰士瓦共和国前总统保罗·克鲁格的名字命名的，他也是1899年到1902年对英战争的指挥官（此处指的是第二次布尔战争，即以荷兰人后裔为主的布尔人与英国人之间为争夺南非领土和资源而爆发的战争）。早在1884年，这位政治家便计划建立

保护区以保护当地十几年前由于淘金热潮而频遭围猎的动物。保护区在许多年之后才真正建立，成了在1926年成立的克鲁格国家公园的第一个核心地带。公园的面积将近2万平方千米，南北长约350千米，东西宽约60千米，莱邦博山脉就沿着莫桑比克的边界分布在这一带。这片区域的气候和植被类型独特，是一片密布着树林和矮树丛的热带稀树草原，被称作罗威尔德，意思是“低洼地”。在这片风景秀美、无边无际的平原上，几乎看不到山丘，海拔最高处也不过800米。但就动植物的丰富性而言，世界上几乎没有其他地方能够与之匹敌。被称为“小丘”的岩石岛不时从植物的海洋中浮现出来。“小丘”上有着不同于热带稀树草原的特殊动植物，是公园里最有趣的生态系统，与其他类似的动植物相比，小丘上的动植物生活在相对封闭的环境中。

除了北边的林波波河与南边的克罗克迪尔河之外，克鲁格国家公园内还有其他的河流，其中一些河流，如希萨河和廷巴瓦堤河，只在每年的10月到次年2月（南半球夏天的雨季来临时）才会恢复生机。

在南半球，6—8月的冬天是旱季，在此期间，你可能会看见各种动物都挤在一处泥泞的水源周围饮水。事实上，在公园的记录中，单是羚羊，就有20来个不同的种，有体形娇小的非洲小羚羊、随处可见的高角羚，还有体重可达800千克的长角羚。无数种食草动物各有其爱吃的植物，

P176 左
舒展肢体的豹足以令人产生畏惧。曾经接触过这种可怕的猫科动物的民族无一例外地强调它的机敏和凶狠。在古埃及文化中，它是“邪恶之神”赛特的圣物。

P176 右上
在地上找到的这颗蛋不仅是这只地犀鸟可口的点心，也是它在摆出一副优胜者的霸气姿态时，用来向对手炫耀的一个小小的战利品。

P176 右中
一只燕尾佛法僧孤独地站在栖木上，展示胸部淡紫色的羽毛。这种鸟是极贪吃的昆虫捕食者。当猎物的栖息地惨遭大火毁坏的时候，它们总能第一个到达现场。

而多样化的植物正是此地动物多样性的原因之一。长颈鹿、长角羚、高角羚和两种非洲犀牛全都出现在克鲁格国家公园里，它们有着明显不同的觅食习惯。各种各样的食草动物无疑又是典型的非洲食肉动物的最爱。这些食肉动物包括狮子、豹、猎豹、鬣狗和稀有的非洲野犬。非洲野犬非常类似一种多色犬，是非洲大陆上的濒危物种之一，且目前种群数量仍在下降。丰美的植物也是小型猕猴的生活资源之一，它们以果实、种子、树叶和花为主要食物。

从表面来看，这样的动物天堂似乎不需要特别的保护，但实际并非如此。在人类出现之前，自然火灾就是调节生态环境的自然现象之一。因此，每年人们会故意放火焚烧公园的一些区域，以重建植被的更新周期，维护克鲁格国家公园独特的生物多样性。克鲁格国家公园栖居着近140种哺乳动物、500种鸟类、100多种爬行动物、50种鱼类以及33种两栖动物。有时候也会有不寻常的事件发生，比如在1950年，有一只公牛真鲨从海中沿着林波波河支流的泥泞河水混入公园区。不过也没惹什么麻烦。

P176 右下
南非织雀（*Ploceus capensis*）是卓越的建筑师，也是完美的球形巢穴的缔造者。它的巢可以牢牢地附着在植物上。建造巢穴的主要材料是草，它能保证巢内既柔软又舒适。

P177 上
要捕捉狷羚最富有特性的瞬间，得在它奔跑的时候抓拍。狷羚的高超的奔跑本领确保它们能在资源丰富且不乏掠食者的栖息地生存繁衍。

P177 下
长颈鹿正在享受片刻的休憩，但它并未放松警惕。对长颈鹿来说，坐着的姿势容易受攻击，因为体重太大且腿太长，它得费很大的力气才能重新站起来。

Kgalagadi Transfrontier Park

卡拉哈迪跨境公园

博茨瓦纳　南非

成群的羚羊在这片干旱的土地上来回地迁徙和漫游，它们或许从来没有想过那些绵延数千米的白石阵的意义，只是专心寻找水源和食物。这谜一样的白石阵代表的其实是南非共和国和博茨瓦纳共和国的边境。

在这种情况下，主宰地球的“两脚兽”（人类）优先考虑了这个恶劣而脆弱的环境，以及被迫定期迁徙以求生存的动物群的需求。这是卡拉哈迪跨境公园成立的缘起。位于南非共和国西北部的卡拉哈迪国家公园成立于1931年，博茨瓦纳境内的长角羚国家公园于1932年作为野生动物保护区成立，并于1971年成为国家公园。2000年，卡拉哈迪国家公园和它的“孪生兄弟”——长角羚国家公园合并而

正式建立，统一管理，总面积达37 991平方千米。

卡拉哈迪沙漠南起奥兰治河，北至安哥拉，西临纳米比亚，东接津巴布韦，是巨大的沙质盆地的一部分。构成盆地基底的软岩石受风化作用影响，形成了一片特有的橘黄色沙丘。这些沙丘呈水平方向伸展，连绵无际，但是与纳米比亚的沙丘不同，这些都不是流沙。尽管“红色沙漠”是卡拉哈迪的绰号，但实际上这片区域并不是真正的沙漠。这里每年的降雨集中在1月到4月，平均200毫米的降水量对于传统意义上的“沙漠”来说，已经很多了。然而，这里也常常出现年降水量

P178 左
断奶后，小狮子因害怕被成年雄狮吃掉，只能离开狮群，它们或独居，或结成小团体，它们必须学会在卡拉哈迪生存。但是，去招惹豪猪恐怕是不明智的吧?

P178 右
细尾獴如石头雕像般站立着，一旦察觉到危险的讯息，它就会迅速做出反应，这令观察者惊奇不已。

P179 上
多云的天空给干涸的动物们释放出微弱的降雨信号。这棵扭曲的树已经历过无数次卡拉哈迪的干旱，它是无情的自然淘汰选择法则的见证。

P179 下
一只雄羚羊屹立在晴朗的蓝天下。它有引以为傲的犄角，就连狮子也对它敬畏三分。奇怪的是，雌羚羊的犄角比雄羚羊的更长，有时长达1.5米。

不过100毫米的年份，而且还可能是以一次极具破坏性的暴风雨的形式出现。尘土飞扬的地表并不能保存水分，而且在炎炎夏日，雨季形成的极少数水塘在40℃的高温下很快就会蒸发殆尽。因此，尽管它不能被称为真正的沙漠，栖息于此的生物可不这样认为。

生活在这里的哺乳动物中，羚羊占绝大多数。其中最特别的是跳羚，它的拉丁学名是*Antidorcas Marsupialis*，意为“有口袋的羚羊”，这个名字源于它纵向延伸到背部后面的皮肤皱褶，形态恰似口袋。这个“口袋”的毛皮颜色较淡，当遇到危险时，跳羚会伸展“口袋”，使淡色毛皮竖起来，好让其他同伴看见。借由光线反射，淡色毛皮就成了整个群体的警示信号，其他同伴们接到信号后便能迅速逃跑。跳羚逃跑的速度可达每小时90千米，那景象真是令人印象深刻——这些动物一跳就能跳3.6米高，它们展示着自己非凡的跳跃能力，想让捕食者知难而退。

长角羚（或称剑羚）很容易辨识，它们有着弯刀一般锐利的犄角，角长可达1.5米，它身上的斑纹看起来好像印第安人的战斗妆，十分显眼。卡拉哈迪的“食肉动物之王”是有着深色鬃毛的威武的狮子。尽管狮子外表高贵，但它并不排斥以腐肉为食，特别是在连续几个月缺水的旱季。公园里许多食肉动物都有“捡垃圾吃”的习惯，因为猎物数量总是不稳定，它们实在很难仅靠猎食为生。鬣狗褐色的体色与它生活着的红色沙丘几乎一模一样。就适应恶劣环境的能力而言，鬣狗无疑是佼佼者，它甚至只靠散布在干枯草丛中的陈年骨头就能填饱肚子。到了夜晚，你可能会偶遇豪猪，当这一非洲最大的啮齿类动物伸直背部的刺时，身高往往超过90厘米。如果你耐心地等一等，或许还有机会见到胆怯的细尾獴笔直地站立着，就好像古怪的木偶，但是一旦察觉到危险，它们就会像闪电般迅速消失。

P180 左
在夏雨的滋润下，石蒜灿烂地开放，它现在等着昆虫授粉。石蒜多汁的球茎是有毒的。

P180 右
干燥的沙漠风不停地塑造着缓缓滚动的沙丘。一些植物可以依靠它们那庞大的深根系统，在这片满是尘土的地域成功繁殖。而另外一些植物的生命周期极为短暂，它们不得不将生存的希望寄托于稀少的降雨。

卡拉哈迪有超过200种鸟类，各色的羽毛构成了这里独特而又美丽的风景。织雀在金合欢树的树枝上筑巢，它们合力共筑的醒目的“公寓”直径可达2米。在晴朗无云的天空，常常有猛禽的身影出现。1931年成立的卡拉哈迪国家公园，其初衷在于防止食草动物和食肉动物因盗猎而灭绝。今天，这里已经成了最方便观赏和拍摄非洲动物群的地方之一，这很大程度上要归功于这里贫瘠的景观。

造访卡拉哈迪跨境公园需要具有一定的适应能力，但公园必定会加倍回报探访者。这片神奇的红色沙漠每个季节都会呈现出不同的景观。每年的4—9月是气候最宜人的观光时段，彼时这里清新而干爽，但想要观察狮子最好选择1月和2月的动物聚集期。如果想要陶醉在数以千计的羚羊狂奔的景象中，最好趁着雨季末期，在3—4月的时候拜访卡拉哈迪。

公园内的两条主要交通要道分别沿着诺索布干河和阿沃布干河的干河床延伸。游客们要在这两条毫无铺砌、尘土飞扬的道路上颠簸数小时，才能到达下一个接待中心。河的两侧被充分利用起来，独特的风力泵操纵着水井，吸引了众多动物，尤其在清晨和午后；但与此同时，也吸引了不少的捕食者。日落后，公园内禁止通行。这时候游客可以卸下一天的紧张与疲惫，伴着壁虎沙哑的叫声，欣赏群星闪烁的天空。

P181 上
在卡拉哈迪，许多动物因干旱而死亡，在这里，食腐动物要比其他捕食者更幸运。图片中，这只食腐的豺狼急切地想要解渴。

P181 下左
一只斑鬣狗在水池中解渴。斑鬣狗的肌肉特别发达，强有力的下颚可以毫不费力地咬碎骨头。由于长期受到不公正的评价，斑鬣狗不太受人们欢迎。事实上它们的社会行为很复杂，而且照料幼崽时特别用心。

P181 下右
在宁静的曙光中，跳羚正在寻找草丛和矮树丛。跳羚曾是南非共和国的标志性动物，从前的数量多达百万，而如今已被大量猎杀。

Aldabra Atoll

阿尔达布拉环礁

塞舌尔

想去印度洋中央、马达加斯加北方的塞舌尔群岛来一场旅行吗？此刻闪现在你脑海中的也许是白色海滩，还有慵懒、华丽的棕榈树弯着腰欣赏自己在蓝莹莹的海水中的倒影。一切都是那么的轻松、愉悦，快乐天堂也不过如此。塞舌尔群岛由92座火山岛组成，阿尔达布拉环礁正位于其中一座火山岛桑给巴尔岛的正东方，它是美如仙境的塞舌尔群岛最可爱的一个角落。要探索阿尔达布拉，我们必须向南走，这里距离塞舌尔首都所在地马埃岛大约1000千米。阿尔达布拉源自阿拉伯语的“Al Khadra”，意思是“绿色的园林”，因岛

P182 上
小岛被每日的潮水侵蚀凿刻成蘑菇形，上面覆盖着茂密的红树林。红树林里栖息着鸟类。其中，军舰鸟的聒噪声尤为吸引人，这反倒使得园区里的稀有动物（如阿尔达布拉的白鹮）被游客们忽略了。

P182 下
热带酷热的阳光让巨龟疲惫不堪，它在棕榈树的树荫下休息。这种龟的寿命为100～150年，所以每天都慢悠悠的！

从空中鸟瞰这个位于海天相接处的环礁岛，阿尔达布拉就像一枚珍贵的戒指。环礁湖的湖水相对较浅，水质晶莹剔透，湖水因呈明亮的绿松石色而格外引人注目。这里是众多动物的栖息地，甚至包括被洋流“俘虏”的大鲨鱼。

上覆盖着郁郁葱葱的红树林而得名。印度洋上的这颗“珍珠”于1999年才对外开放。这里的研究站一次只能容纳12个人，从马埃岛到此既要乘飞机又要坐船，至少要花5小时。

阿尔达布拉环礁环抱着一个中心潟湖，它大到可以容纳整个马埃岛。受潮汐影响，潟湖每天会排空两次，潮水经4条主要通道以每秒6米的速度汹涌而出，形成的水墙最高可达3米。许多水生生物因潮涨潮落而获益或受害，甚至连章鱼及鼬鲨都可能被裹挟着带进潟湖中。潮汐的水道把环礁分成4个主要的石灰岩岛。形成的两个主要台地分别高出海平面4米和8米，这两个台地分别对应珊瑚生长和随后受侵蚀这两个阶段，上面的岩石像剃刀一样锋利。这里随处可见所谓的“蘑菇”，它们是受海洋腐蚀作用形成的蘑菇状岩石，郁郁葱葱的红树林在岛上生长，成为鸟类和其他小动物的庇护所。

阿尔达布拉拥有世界上任何地方都无法与之匹敌的象龟群，阿尔达布拉象龟（*Dipsochelys dussumieri*）无疑是这里最引人注目的焦点。这里有约15万只象龟，数

P183 中
这是一张红脚鲣鸟的全家福。小鲣鸟和成年的鲣鸟挤在一处栖木上。小鲣鸟因长着褐色的羽毛而非常容易辨认，它正等着学习飞行的秘诀，以便挑战大海。

P183 下
白得像扑了粉一样的小鲣鸟隐藏在树丛里的巢中等候外出捕食的父母。伴随着一系列仪式化的讯号，成鸟归来，幼鸟不用饿肚子了，它们的食物主要是鱼。

P184-185
蓝身大石斑鱼（*Epinephelus tukula*）在公园水底的深处静静地游动。

P184 下
在这种深度的水下，珊瑚是最典型的物种，图中是一片珊瑚林。

P185 上
尖吻鳉（*Oxycirrhites typus*）总是栖息在珊瑚丛中。

量是加拉帕戈斯象龟的数倍。它们主要集中在环礁东南角的格兰特尔岛，每平方千米聚集600～700只，就像晚高峰的交通那样拥挤。这些爬行动物界的霸主体长超90厘米，平常十分慵懒，只在交配期才比较活跃。它们特别喜欢让别的动物帮忙清除自己身上的寄生虫，而这项工作的主要负责人也是一种稀有动物——白喉秧鸡阿尔达布拉亚种（*Dryolimnas cuvieri aldabranus*）。

白喉秧鸡阿尔达布拉亚种是现存于印度洋的最后一种不会飞的鸟。此地特有的鸟类还有礁鹭（*Egretta dimorpha*，又被认为是小白鹭马岛亚种），它的羽毛会随年龄增长由白色变为黑色，此外还有神圣的非洲白鹮（*Threskiornis aethiopicus*）和各种各样的军舰鸟、鲣鸟以及其他热带海鸟。同样，这里的植物也毫不逊色——多达约300种，其中不乏特有种，所营造的丰富繁杂的栖息地环境支撑着这片土地上的生物多样性。还有缤纷的水底世界在等着我们：各种珊瑚、裸

鳃类动物、巨大的双壳类动物随处可见，近1米宽的大砗磲与特殊藻类共栖，呈现出迷幻的色彩，这里还有超过190种鱼类，包括虾虎鱼、鲀和鲉等。

1982年，这片地区被列入世界遗产，并作为一个完整的自然保护区被保护，范围从环礁最外缘再向外延伸至500米远。环境保护工作一直困难重重。20世纪50年代，当时环礁的所有者英国政府曾计划将环礁改造成一个军事基地，建设包括港口、机场、堤防、道路和后勤等在内的基础设施。伟大的海洋学家雅克·库斯托于1954年乘坐“卡利普索”号抵达阿尔达布拉，试图阻止这项计划，但无济于事。同样反对这项计划的还有英国皇家学会的生命科学家们，他们是最早开始对阿尔达布拉的植物群和动物群进行基本研究的学者，但是他们的反对依然未能成功。后来，拯救环礁意外地实现了——受当时英镑贬值的影响，军费遭到削减，环礁改造计划也就被迫放弃了。19世纪的情形也好不到哪里去：人们在印度洋海岛上狩猎、开采海鸟粪，并引进狗、猫和山羊等外来物种，对这里微妙的生态系统造成了不可挽回的破坏。曾经的圣母岛、阿斯托夫岛和科斯莫莱多环礁原始迷人，如今幸存的只有水底的栖息地。库斯托认为，这些裂开的珊瑚岛拥有世界上最清澈的水，但是土地却遭到严重的过度开发。由于阿尔达布拉环礁的位置偏僻、与世隔绝，再加上登陆情况危险、季风气候不适宜以及缺乏饮用水等原因，这里几乎是无法登陆的，也并不受游客青睐。然而丰富的象龟诱使许多人冒险挑战这里。确切地说，1820年象龟在其他地方几乎绝迹，而在阿尔达布拉，象龟数量也急剧减少。

1874年，查尔斯·达尔文呼吁人们保护这些物种及其栖息地。响应这一号召的有许多著名博物学家，包括托马斯·赫胥黎、约瑟夫·胡克和理查德·欧文。尽管欧文是进化论的强烈反对者，且在当时的辩论中是达尔文的死对头，但在环境保护这一方面，他与达尔文站在了统一战线上。

P185 中
图片展示了成群游动的四线笛鲷（*Lutjanus kasmira*），它们艳丽的色彩令人眼花缭乱。

P185 下
成群结队的黑点裸颊鲷（*Lethrinus harak*）在红树林中游动。

第四章

大洋洲 OCEANIA

南半球的大洋洲几乎与其他大陆以及世界上主要的交通、贸易路线完全隔离，直到17世纪才被发现。因此，这个大陆的许多地名都被冠以“新”的头衔。这片水陆交织的大陆正如它的名字“大洋洲”所揭示的一样，自然环境和地理特征与其他大陆截然不同。大洋洲由遍布太平洋各处的数以千计的岛屿及澳大利亚大陆组成，仅占地球所有陆地面积的6%，然而对于居住在这里的人而言，将群岛、环礁和其他大小不一的岛屿隔开的水域就好比陆地的延伸，对于文化和贸易交流极为重要。其中，在地理上占绝对主导地位的是澳大利亚大陆，面积为769万平方千米（整个大洋洲的面积不过897万平方千米）。大洋洲的主要岛屿新西兰岛、塔斯马尼亚岛和新几内亚岛的一部分，加上澳大利亚大陆，共同构成了大洋洲陆地总面积的99%。大洋洲的其余部分由无数的小岛组成，可分为三个主要的地理群：紧邻澳大利亚东北边的是美拉尼西亚群岛，包括著名的斐济群岛和新赫布里底群岛。再往北是密克罗尼西亚群岛，或称作“小岛群岛”，这是再恰当不过的名字，因为这里面积最大的岛屿也不过575平方千米；这里也包括马绍尔群岛和马里亚纳群岛等。最后，位于太平洋中部的是波利尼西亚，波利尼西亚的意思是“多岛群岛”，包括萨摩亚群岛和塔希提岛，此外还有最东边的横跨赤道的一些陆地。

大洋洲大部分较小的岛屿由火山喷发形成，但也有些岛屿是珊瑚岛，如波利尼西亚和美拉尼西亚群岛。典型的珊瑚岛屿包括环礁，它们由珊瑚的石灰质骨架组成。这些环礁的形状就像大圆环，中央卧着一个潟湖。在大多数西方人的印象中，这样的岛屿象征着纯净的海滩和蔚蓝的海

P186 左
澳大利亚大堡礁由大量岩石和小环礁形成，长度达1996千米，是世界最大的珊瑚礁群。

P186 中
澳大利亚大堡礁周边散布着300座小小的沙洲岛或岩礁岛，厄斯金岛就是其中之一，它也是少数有植被覆盖的小岛。

P186 右
在夏威夷的大岛上，火山女神佩蕾不停地宣泄她的怒火，基拉韦厄火山喷发出红色的熔岩河，那个巨大的破火山口正是她的家。

P187
栖息在这里的奇异生物数量惊人，比如这个令人好奇、形状像绿花椰菜的软珊瑚。对于许多栖息在这里的生物而言，珊瑚礁是一处真正的乐园。然而，在这里，主宰着所有栖息生物生存的生态平衡相当脆弱，由于人类的疏忽或不重视，这里的生态平衡可能遭到无可挽回的破坏。

洋，是全世界游客喜爱的目的地。然而，观光旅游业与环境保护总是很难和谐共存。幸好现代人都逐渐明白了环境恶化非但不可逆转，还会产生不良后果。目前，这些群岛所属的各个国家，如美国、新西兰、智利、法国和英国等，正在采取适当的措施，以便让人类世世代代都能见证“南方海域的奇景”。如果我们暂且不谈上述的群岛和较小的岛屿，大洋洲其实是一个非常古老的大陆，尽管它被人们冠以“新”的形容词。从地质学的观点来看，只有新几内亚岛和新西兰岛的地质构造可以称得上新。在地图上，新西兰南岛的山脉清楚地标示着：南阿尔卑斯山的库克山，海拔高度达3764米。在岛的西边，地形急速降至海平面，河水的力量侵蚀着海岸，形成一系列令人印象深刻的峡湾。

在北岛上，山顶覆盖积雪的埃格蒙特山是新西兰最高的火山，新西兰的国家公园即以它的名字命名。相比之下，澳大利亚是相对平坦的大陆，由古老的岩石组成，风和其他侵蚀性元素已经日复一日地把它曾经拥有的粗糙崎岖的表面打磨平整。唯一真正的山脉就是蜿蜒在东南海岸的澳

大利亚山脉。然而，它的最高峰科西阿斯科山也不过2228米。

澳大利亚虽然四面被海水包围，但它并不被认为是一个岛，这是因为它的面积巨大，且内陆并不受海洋影响。澳大利亚中西部地区几乎完全被沙漠覆盖。由于没有冰川且处在热带，水分蒸发速度极快，这里几乎没有名副其实的河流。相反地，西部海岸是繁盛的热带森林。保护澳大利亚和新西兰这些令人惊叹的风景和独特动植物群的计划已执行了几十年。事实上，澳大利亚和新西兰是大洋洲中对环保最有远见的国家，它们

P188-189
这是位于乌卢鲁国家公园的艾尔斯巨石（或被称为乌卢鲁巨石）的特写。巨石上的这些被侵蚀出来的奇怪符号，在当地传统文化中有着重要的象征意义。

P188 下
西澳大利亚州的波奴鲁鲁国家公园内怪石林立，令人联想到巨大的斑纹蜂窝，这些怪石的高度可达600米。

P189 上
在西澳大利亚州，蜂窝状圆顶的班古鲁山脉高耸着另一座白蚁窝。这处安静的庇护所是一个高度活跃的昆虫之城。

P189 中
在昆士兰州南部的海岸边上，一只年轻的东部灰袋鼠远眺着地平线。灰袋鼠是有袋动物中体重较大的物种。

P189 下
在遍布有袋动物的澳大利亚大陆上，有一种哺乳动物没有口袋，是个例外，它就是澳洲野犬，这是一种在澳大利亚各地都可以看到的犬类。

认为环境保护将使繁荣的观光旅游业获得最大的收益。

新西兰自1987年以来就成立了自然保护部。自然保护部不但要负责管理众多的国家公园，还要管理国家森林和海洋公园。澳大利亚则拥有500多个国家公园，分布于全国各处，保护对象包括雨林、广阔的热带稀树草原和沙漠、季风森林、海岸沙丘、大片的湿地以及大堡礁海洋公园等，在环保方面成绩斐然。事实上，这些区域全部都由联邦政府负责管理，以确保其保护条例都被贯彻执行。许多澳大利亚的国家公园兼具文化和自然上的重要性，它们确实有资格要求被列入像联合国教科文组织这种权威机构拟定的《世界遗产名录》当中。

Great Barrier Reef Marine Park

大堡礁海洋公园

澳大利亚

地球上很少有地方能像珊瑚礁周围的水底世界一样引发人类强烈的情感，而这珊瑚礁如果恰巧是大堡礁的话，我们面对的就是一个形状和颜色令人敬畏的世界。要充分领略这里的奇美景色，游客必须身背氧气瓶潜入水中，也只有这样，我们才能自我安慰（尽管是暂时的）自己也是这个天堂的一部分。

大堡礁是世界上由生物（包括人类）建造的最大的建筑物，它的长度超过2000千米，呈半月形延伸至大洋洲大陆东北海岸。大堡礁由数以千计的独立珊瑚礁组成，有些珊瑚礁高出海平面，其他的则完全或偶尔被潮汐淹没。这些珊瑚礁有的呈圆形，有些呈半月形，或许它们可以作为很好的防浪堤。为了保护这片物种多样性丰富而又独特的地区，澳大利亚政府于1975年建立了

P190
这是从卫星影像上看到的珊瑚礁。这是人类从太空中所能够看到的由生物建造的最大建筑物。

P191 上
珊瑚礁上永远栖息着许多不同种类的生物。从图片中我们可以看到，在仅仅几平方米的空间内，就聚集了各种不同的珊瑚、海绵和张着壳瓣的巨型砗磲。

P191 下
四线笛鲷密密匝匝地挤在一起，它们以和谐的韵律舞动，产生了奇特的色彩效果。

一个海洋公园，以保护海平面以上的土地和周围的水域，它目前仍是世界上最大的海洋公园之一。

如今，该公园的目标包括监控商业活动、规范自然资源的开发、限制该地区的旅游活动，同时开展重要的研究，以保护栖息地和现有的物种。你只要看一眼这个水底世界，就马上会被水底生物那无与伦比的多样性征服，同时也会意识到水下的生态系统是多么脆弱和不稳定。

潜入水晶般晶莹剔透的海水中，你将被深深的蓝色所包围，眼前呈现出的是一座童话般的美丽花园。这是一片色彩缤纷的浩渺海域，随处点缀着贝壳和裸鳃类动物，几乎被成千上万的海

绵和形状奇特的珊瑚所覆盖。这些珊瑚有的呈扇状，有的呈漏斗状、球状，有的则像极了人类的大脑，还有的酷似娇嫩未成熟的西蓝花。它们的学名分别是石珊瑚属（*Madrepore*）、柳珊瑚属（*Gorgonia*）、陀螺珊瑚属（*Turbinaria*）和八放珊瑚亚纲（Alcyonaria）。尽管无声无息，尽管静止不动，它们也过着动物般的生活，利用珊瑚虫的小刺触须捕食微小的食物颗粒。在分布广泛的绿色和红色钙质海藻的帮助下，在未来的岁月里，这些珊瑚将建造出另一个礁堡，为无数的动物营造栖息地，包括形状各异、色彩缤纷、大小不同的令人过目难忘的鱼儿们。

目前普遍认为这里约有1500种热带鱼，而且其中许多尚未被人们分类命名。有些鱼的美丽无法言状，就好比蝴蝶鱼，它的身体像一个圆圆的盘子，还长着一个凸出的、薄薄尖尖的小嘴，可以灵巧地把珊瑚虫从珊瑚上撕扯下来。还有外形和颜色都华丽无比的天使鱼，它让我们有一种置身于巨型水族馆的感觉。在海葵的触须间经常可以见到长着条纹的橙色小鱼，它们就是小丑鱼。这些小丑鱼在海葵的触须中找到了庇护所，多亏有鳞片保护，所以它们并不会受到海葵触须的伤害。在大堡礁海底世界游览，惊喜总是接连不断。有一种鱼造型奇特，好像是从富有想象力

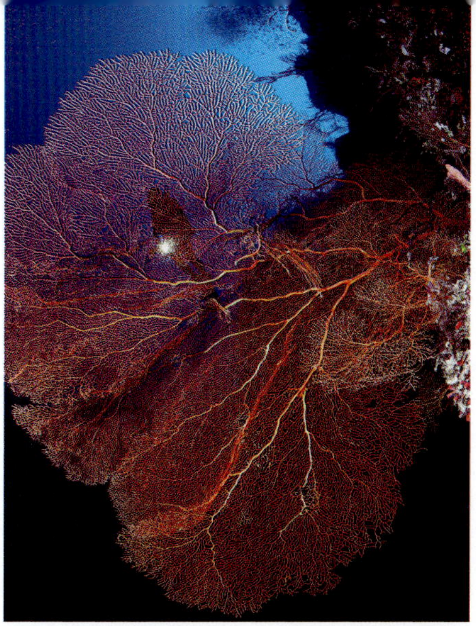

P192-193
一条黑斑石斑鱼重量可超过150千克。想接近这些疑心很重的黑斑石斑鱼，手中抓一把鱼食可能会有点用。

P193 上
在超过20米深的海底，柳珊瑚不断蔓生它们的枝状结构，可以长到很大。

P193 下左
一只大魣露出它那完美的牙齿。这些贪婪的掠食动物往往成群结队地出动，常组成数百只的大群。

P193 下右
这些双髻鲨体长可达4米，长着独特而醒目的髻状头部。

的儿童画中游出来的，它就是长角牛鱼，学名角箱鲀（*Lactoria cornuta*）。这种鱼的形状像个盒子，它眼睛上方突出的角正是它名字的由来。为了寻觅小型藻类，它借着短促摆动的鳍缓缓地游来游去。在这里你或许还能找到一些玩伴，比如巨大的石斑鱼，它的体重可达150千克，性格温和，偶尔还会和潜水员嬉戏。

在这里见到绿海龟怎能不令人感到兴奋呢？由于人类的无情捕猎，这一物种的数量近年来正急剧减少。尽管大堡礁是世界上绿海龟数量最多的生境，但是邂逅这一生物仍需要极佳的运气。它优雅地摆动着鳍，仿佛在水中飞翔，庞大的甲壳丝毫没有让它显得笨重。绿海龟因它淡绿色的龟肉而得名。雌性绿海龟每隔2～4年便会去沙滩上挖一个深洞，然后在里面产下上百枚卵。刚出生的幼龟需要独自越过危险的海滩朝海洋爬去，这时候它们最容易成为海鸥和螃蟹的猎物。它们将在20～30年后返回出生地，为这个物种带来新一代的生命。

当然，事情都有正反两面性，在这个看似天堂的世界里，也有可能遭遇危险。其中，最危险的当数俗称“石头鱼”的粗毒鲉。粗毒鲉体长达30厘米，长着朝天的大嘴巴，头顶上有凸出的眼

睛，体表凹凸不平，看起来如同一块石头，就像它的俗名所描述的一样。粗毒鲉看起来非常不显眼，在自然环境中，它们会隐藏在岩石间或珊瑚中，将身体半掩埋在沙子里，完美地伪装成海底的一部分，静静等待猎物送上门来。不幸踩在它身上的人马上就会有大麻烦：粗毒鲉能通过背鳍上的13根棘刺，将快速导致肌肉麻痹和心跳停止的强效毒液注射到来犯者体内。

谈到危险，就不得不提到生活在大堡礁的另一种动物：蓝环章鱼。游客一定要记得，接近它们的时候需要非常小心。蓝环章鱼体长一般为10厘米。当退潮的时候，海边的岩石之间会形成天然的潮池，里面经常可以发现蓝环章鱼的踪影。当这种动物感到兴奋的时候，身体上会出现艳丽的蓝环。它的颜色实在太漂亮了，十分引人注目，特别会吸引很多孩子的注意力。尽管被它咬到并不会很痛，但是它的唾液却有剧毒，往往会使人丧命。

其他的危险情形常常发生在日落时分。这个时候，大型掠食者们出动了，如大鲟和鲨鱼。它们在暮色的掩护下捕捉猎物，在这个壮丽的海底世界完成完美的生死轮回。

P194-195
这些被称为八放珊瑚的软珊瑚，可以长到很大。它们的形状引发了种种奇特的解释。八放珊瑚变幻无穷的色彩让我们放飞了想象的翅膀。

Kakadu National Park

卡卡杜国家公园

澳大利亚

卡卡杜国家公园既不会让博物学家失望，也不会令人类学家沮丧。这里不仅有宜人的风景，还保存着澳大利亚最古老的民族文化。卡卡杜国家公园在1991年被联合国教科文组织列入《世界遗产名录》绝非偶然。它也是少数基于自然和文化双重因素而入选的实例之一。

如同整个澳大利亚一样，在卡卡杜国家公园，当地的历史及传统文化与环境是密不可分的。在公园里，这种文化遗产随处可见。今天卡卡杜国家公园内的居民，在某种程度上来说是国家公园的主人，他们乐于与游客分享他们对这块土地的深刻领悟，并且热切希望游

P196
这是卡卡杜岩石艺术的辉煌典范，风格化的人形图案揭示了澳大利亚传统神话中的黄金时代。这处岩石艺术位于陡峭的诺兰基巨岩脚下，那里是当地人的圣地。

P197 上
位于卡农丘地区的乌比尔，沙岩层浮现在色彩鲜艳的绿色冲积平原上。

P197 下左
澳大利亚最具攻击性、最危险的爬行动物当属湾鳄（*Crocodylus porosus*），它的大嘴尤其令人印象深刻。

P197 下右
一只湾鳄栖息在平静的河口，那是它最中意的环境。

客能够懂得敬畏自然，领会这片土地的精神价值。

卡卡杜这个名称由“Gagadju”简化而来，“Gagadju”是20世纪初这里最常用的语言。在20世纪60年代以后，澳大利亚动物学家约翰·卡拉比意识到这个区域有变成一个世界级公园的潜力。直到1979年，他的远见得以实现。卡卡杜国家公园位于北领地的最北端，距离达尔文市约200千米，面积约2万平方千米，涵盖南阿利盖特河的整个水域和其他河流的一部分，包括威尔德曼河、西阿利盖特河、东阿利盖特河和黄水河。

在大约1.4亿年以前，卡卡杜淹没在一片浅海中，而海岸线则是今天的阿纳姆地险峻的悬崖，也就是公园的东边界线。越过这条边界线后的领地则归当地人所有，游客必须获得特别许可才能拜访。从不同的观景点都可以欣赏到这面壮观的砂岩峭壁，其垂直高度为100～200米，绵延将近500千米，是严酷高原的天然边界。每年10月到次年5月是这里的雨季。许多流经高原的河流会从悬崖边缘处骤然跌落，形成雷鸣般的瀑布，而后淹没广大的冲积平原。令人难以置信的是，仅仅几个月之后，原本因积水达3米多高而难以通行的一些地域竟完全干透，并且可以通行吉普车。因为整个澳大利亚北部属于季风带，受到季风的洗礼，这里的地貌也发生了彻底的改变。这里是热带气候，气温从不会低于20℃。

在被澳大利亚人称为“旱季”的夏天，也并不是所有的河道都会干涸。在某些地区有永久性的水塘，当地人称之为死水潭。死水潭的水面时常覆盖着一层睡莲，当地人很喜欢这种植物的茎，即莲藕。他们在泥巴里寻找、挖掘莲藕，有时候会直接生吃。这里常见的树是白千层属植物，它们遍布在洪泛区、河流和死水潭的边缘，树皮像纸张一样薄，会层层剥落。在雨季，白千层属植物的根部通常都泡在浅水中，到了旱季，人们就可以据此推测冬季时的最高水位。

对于爱鸟人士来说，死水潭算得上真正的天堂。黎明时分，乘坐游船游览黄水河，是观赏苍鹭、白鹭、鸬鹚和鹈鹕的绝好时机。还有更多的特有种，如黑颈鹳，这是一种澳洲鹳，长着鞍形鸟喙、红色脚爪和泛着虹彩的羽毛，已经成为卡卡杜国家公园的象征之一。

沿着海岸和河口分布着密集的红树林，每一季的河水携带的大量沉积物淤积在此，明显地拓宽了公园的陆地面积。红树林是几十种鱼类的天然繁殖地，其中包括因肉质鲜美而盛名远扬的尖吻鲈（又称班帝鱼）。河流和河口中还栖息着鳄鱼，有人期待着与鳄鱼近距离接触，也有人害怕会碰上它们。事实上，目前在澳大利亚北部，最引人注目的是世界上最大的爬行动物：湾鳄，体长可达7米。它被人们亲切地称为咸仔，原意为“从盐水中而来”。和其他种类的鳄鱼不一样，它喜欢生活在咸水中，甚至生活在海中。湾鳄的攻击性是出了名的，这儿到处都有危险标志，警告游客不要轻率地靠近河岸或试图在瀑布脚下游泳。

还有一种澳大利亚鳄鱼生活在卡卡杜的淡水栖息地。它的昵称是淡仔，因为它们生活在淡水中。淡仔的体形比咸仔小，吻部较狭窄，而且看似比较温和，但不建议游客去尝试验证这是否属实。除此之外，卡卡杜国家公园还是另外120种爬行动物的家园。在潮湿的季节

P198-199
这里是公园北部的乌比尔。这里的岩石其实是岩画的艺术长廊，为我们提供了关于当地传统民族历史的重要信息。

P199 下
这是位于公园中南部的双子瀑布的鸟瞰图。在旱季，瀑布的水量会减少，但不会完全消失。

P200 上
一只黑颈鹳正欲展翅高飞。黑颈鹳的尖喙像矛一样，可以娴熟地抓捕浅水里的鱼。

P200 下
这是东阿利盖特河的一处拐弯。公园里数目繁多的野生动物都必须依赖河流而生存。

P200-201
一群粉红凤头鹦鹉喧闹地飞着。在公园里，这种情形随处可见。粉红凤头鹦鹉是最常见的澳大利亚鹦鹉，它身上粉红色和灰色的羽毛十分醒目。

里，你或许有机会看到斗篷蜥竖着它那滑稽的小皱褶，用双足跑步；你甚至还能听到巨蟒因你靠近而逃离时发出的沙沙声。

卡卡杜国家公园不仅有着极为广阔的潮湿区域，其南部干燥的低地面积也不小，且遍布森林和草地。南部的主要树种是桉树，其中最著名的当数达尔文桉树（学名朱蕊桉），这是一种中等大小的树，树干常被用来制作迪吉里杜管（澳大利亚的传统乐器）。桉树的树皮非常厚，能够很好地抵御经常烧毁草原的大火。火灾对于林地的生命周期至关重要；几千年来，当地人常特意放火来更新植被。

卡卡杜国家公园中物种数量最多的地方是森林区。红尾凤头鹦鹉，连同其他种类的鹦鹉，将最高的树枝装点得生机盎然；白腹海雕和黑隼在空中盘旋。在这里，哺乳动物则更难遇见。游客只有在黄昏或清晨的时候可以看到各种类型的袋鼠，如黑色大袋鼠和短耳岩

袋鼠，它们在岩石之间跳跃。其他有袋类动物大都是夜行动物，如负鼠和体形较小的袋狸。在悬崖下面，沟壑纵横、阴暗潮湿的斜坡上散布着零星的季雨林，这里的雨林适应了从极端潮湿到极度干燥的严酷的气候条件。小型鸟类、果蝠或狐蝠在维系各处孤立的森林地之间的联系上扮演着非常重要的角色，它们能为植物授粉、散播种子。

从艺术的角度来看，卡卡杜也是一块藏宝之地。这里的岩石艺术是全世界最古老且保存最完好的文化遗产之一。虽然公园里有几千处重要的考古遗址，但是大部分都不对公众开放，尤其是那些最古老的岩石艺术遗址，其历史可追溯至2万年以前，内容通常是描述创世传说以及当地的律法起源。由于该地区的原住民没有文字，因此岩石上的绘画对于他们来说相当于一种历史档案，成了他们了解自身传统的最佳资料。

尽管有这么多令人称奇的景观，卡卡杜仍然面临着威胁。自20世纪50年代以来，人们在公园内发现了小型铀矿床，并立即进行了开采。1973年，世界上最大的高品质铀矿在贾比卢卡被发现。虽然在之后的几年里这里被禁止开采，但自1998年起，铀矿的开采已获得了合法批准。当地居民们对此感到十分困惑，毫无疑问他们已经意识到家园将会遭受污染。然而，每个人都不希望这种污染继续蔓延，并期望当地悠久的历史文化能够得到保护。

Uluru-Kata Tjuta National Park

乌卢鲁-卡塔丘塔国家公园

澳大利亚

乌卢鲁巨石是一直生活在澳大利亚的古老民族对艾尔斯巨石的固有称呼，现在它已经成为任何一个造访澳大利亚的游客的必游之地。它那醒目的红色轮廓被印在旅游宣传品上，旅行社争相提供最优惠的旅行套餐。为了应对涌入沙漠中央（乌卢鲁位于沙漠的中央地区）的大量游客，在公园外，人们在距离乌卢鲁大约20千米的犹拉腊小镇上修建了各种观光设施，因而这里逐渐成了一个极好的旅游胜地。然而，尽管经历了这样的现代化修建，公园内仍然保留着神圣的氛围。

这里的游客中心其实是一个传统民族文化中心。

P202
一只鬃狮蜥（*Pogona barbata*）正在用餐。鬃狮蜥喜爱的食物是昆虫和其他无脊椎动物，但是，实在没肉吃时，它也可以吃素。

P203 上
雄奇瑰丽的乌卢鲁巨石是当地传统民族的圣山，在澳大利亚中部广袤的沙漠中遗世独立。背景是奥尔嘉山，或称卡塔丘塔。

P203 下左
当受到威胁时，鬃狮蜥会展开外皮的皱褶，竖起咽喉上的刚毛，因而它又被称为有须龙蜥蜴。

P203 下右
鬃狮蜥，澳大利亚干燥的森林地带常见的鬣蜥科蜥蜴，它的拿手好戏是随心情变换体色。如果受到惊扰，它的外皮便会逐渐从深灰色变成明亮的橙黄色。

在这里，游客被引导参观并了解阿南古族人丰富的传统文化。根据“图库帕”（Tjukurpa，土著律法）的记载，塑造此处全部地貌的先人仍然活在他们的后裔阿南古族人当中，他们也是这片古老大地上最后的守望者。传说乌卢鲁巨石是孩子们在雷雨后的烂泥巴中玩耍建造的杰作，其位置正好在澳大利亚的几何中心位置。1985年，澳大利亚政府承认阿南古族人是这块神圣地方的合法拥有者，阿南古族人随后把这块地“出租”给国家公园管理局，为期99年，以换取固定的年收入和额外的观光旅游业收入。

直到1993年以前，这个国家公园的旧称还一直是艾尔斯巨石-欧加斯山，这个名字是19世纪末探访澳大利亚的第一批探险家厄内斯特·吉尔斯和威廉·戈斯发现这些独特形状的岩石时所取的。当时的南澳大利亚州州长是亨利·艾尔斯爵士，而奥尔加则是当时符腾堡王国的王后。

乌卢鲁-卡塔丘塔国家公园位于一个远古区域的南端，那里曾经是一片浅海，据地质学家考证，该地区属于阿马迪厄斯盆地。这一地壳下陷大约发生在9亿年前，此后又经过了6亿年的沉积物填充堆叠。堆积活动停止的同时，侵蚀作用便开始了：风、雨和沙子等塑造了世界最大的自然景观。这个国家公园，连同其他10个澳大利亚国家公园已经被联合国教科文组织列入世界遗产名录当中。

乌卢鲁巨石以拥有一项特别的纪录而扬名于世：它是世界最大的独体巨石。在某种程度来说，它已成为澳大利亚的象征。乌卢鲁巨石从一望无际的红色沙质平原隆起，最高处约348米，底座略呈椭圆形，周长有9.4千米，纵向长度约3.6千米，横向宽度约2.4千米。在某些部位，巨石与地面形成的斜坡角有80°，而巨石顶上却是平坦的。

从远处看，这块巨石的质地似乎十分坚硬；但仔细看就会发现，上面布满了很深的纵横交错的裂缝。巨石上有众多峡谷、险峭凹地、小山谷，甚至还有一个美丽而又隐蔽的湖泊。乌卢鲁巨石几乎完全由粗糙的砂岩组成，富含长石，这些长石是在花岗岩山脉遭到侵蚀后沉淀下来的，而那些花岗岩山脉现在已经消失。这块独体巨石似乎有2/3的体积深埋于砂质表面

P204
即使处于澳大利亚中部的沙漠，鬣刺草丛中仍然开着艳丽的花朵。

P204-205
黎明的第一道曙光照亮了国家公园内雄伟的砂岩独体巨石。

之下。乌卢鲁巨石表面的裂缝是砂岩中铁矿经过氧化的结果。这些独特的红褐色碎片和铁锈的成分差不多（砂岩本来是灰色的）。红色的乌卢鲁巨石在傍晚时分展现出迷人的色调，常年吸引了大量访客，甚至在南半球的夏季也不例外。6月至10月，乌卢鲁-卡塔丘塔国家公园夜晚温度大约会降低至0℃，人们聚集在距离乌卢鲁巨石稍远处的大型停车场，就是为了观赏日落时分的美景。游客也可以近距离观察乌卢鲁巨石，徒步环绕巨石一周大约要花三四个小时，但这是值得的，因为这是近距离欣赏巨大洞穴和岩画的方式。

沿途的许多土著营地一律禁止游客拍照。许多游客来公园单纯只为了攀登乌卢鲁巨石。岩石西边是唯一的登顶路线的起点，整个攀登路程超过1.6千米，刚起步的那一段非常险峻，甚至需要借助铁链把自己拉上去。从12月至次年3月，猛烈的狂风和异常的高温使得攀登行程更为艰辛。如今，越来越多的人选择尊重阿南古族人的意愿，不攀登他们的圣地。然而，打着“利他主义”的旗号贩卖印有乌卢鲁的照片和“我不攀登它”字样的圆领T恤及各式小配件，却可以获得巨额的利润。目前，乌卢鲁巨石已不再允许攀登。

奥尔加岩石群位于乌卢鲁巨石西边约48千米处，是一堆比乌卢鲁巨石更小、更圆的巨石。其中最高的独体巨石高达546米。当地人称为卡塔丘塔，意思是“许多头颅”。这些岩石上绘有一系列“图库帕”的故事，只展示给部落里的男性观看，因为这与男性的启蒙典礼有关。从岩相分析的角度来看，奥尔加岩石群属于沉积岩，是由碎石聚集而成的砾石群，由许多小型、中型的卵石和较大的石块被沙子和泥巴搓合在一起，形成了现在的样貌。其中的许多石头是花岗岩或玄武岩，近距离看可以发现这些岩石聚合体呈现出斑斓的色彩。循着岩石间的峡谷小径一路前行，你可以抵达几处观景点，并能饱览卡塔丘塔的全貌。卡塔丘塔的访客远比乌卢鲁巨石的少，颇有些遗世独立的味道。

虽然国家公园位于澳大利亚中部的沙漠腹地，但是公园里的许多植物已经想方设法适应了这里的沙质红土和漫长的干旱期。全年的大部分时间里，这里的植物几乎都一成不变，但通常在每年的12月至次年3月，当澳大利亚的北方每天都有雷雨和暴风雨来临的时候，植物们又会重新焕发生机，开花结果。

无脉相思树（相思树属）是国家公园内以及澳大利亚所有干旱区域最常见的树。阿南古族人充分利用这种树的每个部位，来制作回旋镖、挖掘棒、长矛的部件、小木屋、柴火等。虽然频发的火灾会损毁树林，但是它的种子萌芽需要高温，这为这个物种的生存提供了理想的解决方案。高高的沙丘之间或岩壁附近有较为隐蔽的区域，那里所能见到的小矮树丛就是本地区分布最广泛的沙漠橡树，其树皮中含有丰富的树脂。如果园区里广袤的沙质土壤上没有覆盖一层密密的鬣刺草，整个公园将呈现出一派完全不同的风貌。鬣刺草是一种草本植物，穿凉鞋走过的人都知道，被这种有尖刺的植物刺痛的滋味可不好受。鬣刺草的根系极为庞大，可以更紧密地连成一片，防止沙土被大风吹散。

“图库帕”的故事总是以许多动物为主角，可见这块区域并不像看上去那样荒凉。在乌卢鲁-卡塔丘塔国家公园的平原上以及岩石的峡谷中，大约栖息着20种有袋类哺乳动物。有在鬣刺草上恣意撒欢的大型红袋鼠，也有体形较小且非常含蓄的袋鼹，这些动物都在夜间行动，因此游客想要看到它们非常困难。运气好的话，你可能会看见澳洲野犬在沙丘中散步。不仅如此，鸟类还将带给你更多的满足感。这里随处可见鸟儿们的踪影，树林不仅是理想的庇护所，还为它们

提供了充足的食物。它们的鸣叫声回荡在峡谷中，响彻整个平原。鹦鹉几乎无处不在，粉红色的凤头鹦鹉顶着它那白色的冠，还有雀鸟（如燕雀、金翅雀）、鹊鸦和鸠鸽在喧闹不停。特别值得一提的是澳大利亚鸟类中的巨无霸——鸸鹋，它虽然不能飞，但却能在沙漠中快速穿行。

岩石、风、沙，还有这里的生命，都是组成阿南古族神圣世界的要素。阿南古族人对于自身居住地的生态系统有着深刻的认知，从植物的特性到动物的生活习性等，不一而足。这也解释了为什么公园管理部门在进行调查研究、完善保护计划时要向他们请教。公园管理部门的目的在于更进一步了解这儿独特的环境，并且使这片土地保留原始状态，那是阿南古族人自远古以来就一直维持的状态。

P206-207
奥尔加岩石群虽然没有乌卢鲁巨石的名气大，但自从允许游客通行和探访后，这里就变得格外具有吸引力。当地人给这里取的名字为卡塔丘塔，意思是“许多头颅”。

P207 上
一只砂巨蜥（*Varanus gouldii*）吐着分叉的长舌头探析着周边的环境。巨蜥在澳大利亚人的语言中叫作“goanna”，这个词很可能是由“iguana”（意为鬣蜥蜴）一词转化而来。

P207 下
一只褶伞蜥（*Chlamydosaurus kingii*）试图恐吓入侵者。伴随着威胁性的嘘声，褶伞蜥张大嘴巴，尽可能伸展着标志性的“伞”。

Lamington National Park

拉明顿国家公园

澳大利亚

P208
拉明顿国家公园里的山脉景致。时值11月，南半球的春末，湿度、温度都较高，浓雾缭绕在山脉间。

P209 上
雨林中，蕈菇在枯死的树干上大量繁殖，与绿油油的蕨类植物形成强烈的视觉冲击。

P209 下
摄影师的闪光灯捕捉到一只夜色中的小袋鼠。那是一只澳大利亚红颈小袋鼠（*Thylogale thetis*），它在森林中寻找食物。

在距离昆士兰州首府布里斯班以南约100千米处，在荒凉的麦克弗森山脉之中有一个美丽的地方，这里栖息着非常独特的植物和动物群。1915年，这里被宣布为国家公园——拉明顿国家公园。公园的名字源自昆士兰前省长拉明顿勋爵的名字，而它的成立主要得归功于澳大利亚旅行家罗勃特·柯林斯的努力。罗勃特·柯林斯于1878年游历了世界上第一座国家公园——黄石国家公园，受保护自然的“新概念”启示，在接下来的几年中，他一直致力于推动保护计划，以便使麦克弗森山脉也能够享受“国家公园”的待遇。因为设立国家公园的目的之一是供人游览，柯

林斯历经数年才成功开辟出一条小径，这条小径沿着整座高原延伸至一处观景台，以便首批造访麦克弗森山脉的游客得以欣赏到无与伦比的风光。如今拉明顿国家公园内有超过160千米的步道，可以满足各种人群的需要，其中既有盲人专用路径，亦有可以让游客从高处欣赏森林树冠层的绳索吊桥。

拉明顿今日的景观是两座现已消失的古代火山的杰作。大约在2400万年以前，两座高约2000米的火山——焦峰火山和特威德盾火山喷发出大量的熔岩，覆盖了原先较低的沉积岩小山丘陵，形成了今天拉明顿国家公园特征鲜明的山脉。公园内山脉海拔约1100米，但是大部分区域是广阔的高原。高原上密布着深谷、溪谷和大洞穴，草木繁盛，郁郁葱葱。此外，还有一些风景宜人的瀑布和小湖泊。在仅211.76平方千米的土地上，拉明顿国家公园就为我们演绎了7种不同类型的雨

P210-211
红玫瑰鹦鹉（*Platycercus elegans*）是公园中最常见的鹦鹉之一。此刻，它正扇动着翅膀，深红色羽毛与极美的钴蓝色羽毛交织在一起，展现出一场完美的视觉盛宴。

P210 下
图为拉明顿国家公园炎热的亚热带森林，这里的树冠层总是杂生着繁盛的附生植物，因而森林的底层始终保持在一片阴凉中。

P211 上
这种奇怪的南洋巢蕨（*Asplenium australasicum*）被人们称为“鸟巢”。在澳大利亚雨林中所有零星的小空地都能见到它的身影。在它的基部，大片的绿叶排成皇冠的形状。

林、亚热带和温带森林，其中的植物物种更是数不胜数。

山脉的西部面朝海岸，湿度很高，年降水量达2500毫米。这里的森林时常笼罩在雾中，蕨类植物、藤蔓植物、兰花以及无处不在的苔藓，塑造了童话般的美景。森林中的一些树，如气势压人的绞杀榕和郁金香橡木（一种澳大利亚橡树），可长到40米高。

海拔500~1500米之处是风雪经常光顾的地方，这里生长着一种在昆士兰东部很常见的小型南青冈。这种小小的南青冈生长在茂密的树林中，高度一般不超过10米，在南半球的春天，它的树叶会变成美丽的红色。相比之下，麦克弗森山脉西部处在雨影地带，占压倒性优势的植物是桉树。这种树的生长需要充足的阳光，因而无法在多雾的森林中生存。

在拉明顿多雾的森林中，生活着可爱的小袋鼠，它是大型红袋鼠的表亲；还有数量更为稀少的灰袋鼠，通常在黄昏时出没。尤甘贝族人世世代代生活在拉明顿，迄今已有数千年的历史。尤甘贝族人习惯于驯养澳洲野犬，以协助他们猎捕那些惹人喜爱的有袋动物。

这里的哺乳动物大部分是夜行动物，因此游客不太容易见到它们。而到了白天，拉明顿是鸟儿们当家。在茂密的森林中，你或许能亲眼看到勤勉的雄性缎蓝园丁鸟（天堂鸟的亲戚）不停地用花、羽毛和石头（最好是蓝色的）装饰它的小巢。这是献给雌鸟的见面礼，雌鸟将会被最美丽的小巢吸引。

格林山脉中鹦鹉成群，它们甚至可能会亲热地停在你的头上和肩上。在这些鹦鹉当中，最令人惊叹的是彩虹吸蜜鹦鹉，它是色彩最为艳丽的鸟儿之一，蓝紫色的头、黄色的颈、绿色的背、橙色的胸和蓝色的腹，让人目不暇接。彩虹吸蜜鹦鹉的饮食习惯也很独特，它们喜欢吃花蜜，能直接用舌尖从花冠中吸食花蜜，因此也担当着授粉者的角色。

格林山脉还有具有历史价值的度假设施，它就是奥赖利雨林度假村。奥赖利雨林度假村是以首批勇攀格林山脉的先锋命名的，他们于1912年在这里建造了第一个简朴的歇脚处。那时候，要到达这个小据点的途径只有一条仅能徒步通行的长达15千米的崎岖山路。1914年，奥赖利雨林度假村开始接待第一批来访的友人以及登山爱好者，这次款待很快成了一个传奇。1920年，第一个像样的旅馆建成了。如今，奥赖利雨林度假村成了那些想在这座神奇瑰丽的公园中小住几天的游客们的首选。

P211 中
近景中的雄性澳州王鹦鹉（*Alisterus scapularis*）。这种鹦鹉的两性异形特征极为明显，尤其是雄鸟和雌鸟颜色迥异，看起来好像是完全不同种类的鸟。

P211 下
一只雄性澳州王鹦鹉正展翅飞翔，它那60厘米的身段和鲜艳的羽毛一览无余。

Karijini National Park

卡里基尼国家公园

澳大利亚

沟壑和隘谷，悬崖和裂隙，瀑布和湖泊，共同构建了一个蛮荒的世界，这里是崎岖的哈默斯利山脉，也是澳大利亚西部皮尔巴拉地区最有吸引力的景点之一。25亿年前的古老岩石演化形成了今天皮尔巴拉的地貌。那些带有化石的岩石富含铁和硅，过去曾经位于海底，而现在是海拔约1000米的山脊和巨型高原。河流侵蚀雕刻出深不见底的裂缝，这些裂缝因含有丰富的氧化铁而呈红色，最终形成了极为独特的溪谷景观。红色的溪谷至今仍是该区域的一大特色。美哈利山是哈默斯利山脉中的最高峰，也是澳大利亚西部的最高峰，它

P212
这是一只雌性大袋鼠和它的孩子。年幼的大袋鼠从小袋中出来活动活动双腿。这种袋鼠很容易辨认，它的双颊长有白色的斑纹。

P213 上
在密布着鬣刺草的矮树丛中，一棵孤独的桉树耸立在高原的红土上，背景处是哈默斯利山脉温柔的轮廓，山脉的背面就是卡里基尼国家公园。

耸立在高原之上，海拔1253米。另一座海拔稍低的山是布鲁斯山，海拔1235米。站在这些山顶上，游客可以饱览高原美丽的风光。

1861年，西方探险家首度发现了这个区域，而今天，它已成为面积广达6480平方千米的国家公园。公园名字叫卡里基尼，这是巴尼吉马人赋予它的名称。巴尼吉马人世世代代生活在这里，迄今已有两万年的历史。他们早已学会如何与一个极为原生态且长期干旱的自然环境共处。此地区的降水量非常少，而且集中在南半球的夏天，那时的气温往往高达40℃。初春的时

P213 中
大袋鼠（*Maccropus agilis*）凭着迅速跳跃的步法，穿梭在空旷的野地。这种步法是许多澳大利亚有袋动物的看家本领，因为它们都长着相对较长的后腿。

P213 下
粉紫色的澳洲狐尾苋傲然绽放。在南半球的初春，公园里还是一派冷峻的神色，它在一片寂静中格外耀眼。

候，公园各处都开满了黄的、蓝的和深红的野花，甚至在悬崖峭壁上也不例外。绽放的花朵为这层层叠叠的岩石增添了新的色彩，这时候也是游览公园的最佳时期。

在保护区的东南角有一座完全由巴尼吉马人负责管理的现代化游客中心。在那里游客可以享受到热情的招待和非常完备的资讯服务，并从中方便地了解到如何在公园里度过美好时光。卡里基尼国家公园之所以能够成为极受欢迎的公园，原因之一便是在这里每个人都可以零距离欣赏那些壮美的风景：你可以把车停在距瞭望点非常近的位置欣赏整座峡谷，一帘又一帘的瀑布在峡谷下方汇成翠绿色的水潭。一般认为，在奥克瑟斯瞭望台能够最大限度地欣赏到澳大利亚的美丽风景。这里也是卡里基尼国家公园内四座峡谷的交汇点，即威诺峡谷、雷德峡谷、汉科克峡谷和札夫尔峡谷。

札夫尔峡谷有一道难以逾越的曲墙，好似一个极为广大的圆形露天剧场，从札夫尔瞭望台一眼就能望见它。尤其在阵雨过后，一道100米高的瀑布从这里直泻而下，显得更为奇妙壮观。然而，卡里基尼国家公园内真正令人难忘的体验是深入那些著名的峡谷中探险。一些探险的行程可能非常危险，因此游客必须具备良好的体能并由专业向导相助。穿过一段非常险峻的路途，游客可以很快抵达风景如画的威诺峡谷谷底，那里有一个秀美的湖泊，四周环绕着桉树。狭窄而陡峭的汉科克峡谷是最令人惊叹的地方，往下深入其底部就好像到地心旅行一样。首先得经过一段配备有金属楼梯的小径；之后若要继续前进，路况会更让人心悸：游客必须紧紧抓住岩壁上反射着

P214-215
一对虎皮鹦鹉正在树枝上调情。这些可爱的小鹦鹉在澳大利亚非常普遍，它们也是世界闻名的家养宠物。

P215 上
这是皮尔巴拉地区两条最深的峡谷——汉科克峡谷和雷德峡谷的汇流处，此处是游览卡里基尼国家公园不容错过的景点。

P215 下左
布鲁斯山的峭壁是矮树丛和鬣刺草的世界，桉树是其中唯一的树种。峭壁上的岩石层理很明显地告诉我们，此处几乎无法形成植被。

P215 下右
达尔斯峡谷的奇景。在这里，河流对谷底的侵蚀清晰可见。即使是最险峭的山壁，其上也覆盖着植被。

珍珠般光芒的突起的岩石边缘；一旦到达谷底就能欣赏到这趟辛苦探险的回报：一池晶莹剔透的水面，倒映着整个悬崖峭壁。但峡谷并不是公园的唯一奇观，高原地表也为自然爱好者们提供了许多有趣的玩赏机会。桉树那弯曲的轮廓浮现在高原的矮树丛中，已经成为公园的象征。矮树丛中还有金合欢树以及各种决明树。在暴风雨之后，几十种不同颜色的澳洲狐尾苋绽放出鲜艳多姿的花朵。澳洲狐尾苋是皮尔巴拉地区典型的禾本科植物，也是此地矮树丛中的主要植物。这里的另一奇观是庞大的白蚁巢，这些无声的纪念碑展示了古老的社会性昆虫娴熟的工程技巧。

在鬣刺草多刺的圆形软垫之间，隆起的小圆卵石堆总能引发人们强烈的好奇心，这一迹象表明附近有非常稀有的西部卵石墩鼠出没。这是一种小型啮齿类动物，只生活在皮尔巴拉地区。它行为怪异，平均体重不足1000克，却能不辞辛劳地搬动几十个几乎是自身体重一半的卵石，并用前爪把它们堆拢在一处，直到垒成一个隧道纵横交错的土墩。这些墩可能需要几代墩鼠的共同努力才能建成，土墩的圆形底座直径有时甚至长达80厘米。

卡里基尼国家公园也曾见证过一段悲惨的往事。在公园最北端有一座“鬼镇”——威特努姆，20世纪50年代这里居住了近2000人，都是石棉矿场的工人。石棉矿场位于威特努姆峡谷的深厚岩层中。然而就在短短几年之内，因为与这种致命的矿物频繁接触，多数居民和工人丧生。今天，澳大利亚政府已经将整个区域重新改造，游客们在参观这片历史遗迹时不必惊慌，卡里基尼仍然是澳大利亚西部最具魅力的国家公园之一。

Mount Cook National Park

库克山国家公园

新西兰

新西兰以其国家公园而闻名。其中最壮观的当数位于南岛中心地带的库克山国家公园。库克山这座雄伟的山峰是南阿尔卑斯山脉的一部分，高耸于山脉的群峰之中，显得卓尔不群。南阿尔卑斯山脉起源于大约200万年前的一场惊险的地质运动，当时的太平洋板块和印度-澳大利亚板块相互碰撞挤压，快速产生了世界上最壮观的高山山脉之一，塑造了新西兰南岛的一大奇景。

不过，毛利人对于南阿尔卑斯山脉的起源有另一种解释。在他们的语言中，库克山被称为奥拉基

P216
在南阿尔卑斯山的各处，散布着数量可观的喜马拉雅塔尔羊（*Hemitragus jemlahicus*），这些原产于喜马拉雅山区的牛科山羊，是许多年前引进到新西兰的，它们如今在新西兰适应得非常好。

P217
只有从新西兰南阿尔卑斯山上方飞越，才能真正地领略到那里冰川的壮美。背景处的库克山清晰可辨，前景处则是西部国家公园的其他冰川。

“Aoraki”，意思是“穿云的山”。传说毛利人祖先的独木舟阿莱托鲁在南岛东海岸的马塔开亚触礁，独木舟的遗骸变成了现今人们所看到的摩拉基岩石。一群生还者登岛探险，奥拉基当时还是个小孩子，他的祖父是酋长，把他扛在肩上。破晓的第一道曙光将这些不幸的人全都变成了石头，而当时奥拉基是这群人当中位置最高的，所以他变成了山脉中最高的库克山。

库克山是考察船“库克”号的船长史多克斯于1850年前后给起的名字，为的是纪念探险家詹姆斯·库克。1885—1887年，人们在如今的公园核心区域建立了一个保护区，但直到1953年才成立国家公园。1987年，库克山国家公园和西部国家公园一并被列入《世界遗产名录》。

库克山的海拔约3754米，是新西兰的最高峰，即使在整个大洋洲也算得上高山。测量员罗伯兹在1881年测定其海拔为3764米，这一记录一直保持到1991年12月的一次雪崩之前。那次雪崩把山顶的积雪一下子削塌了90万立方米，从此库克山的高度降为目前的3754米。

最先尝试攀登库克山的是爱尔兰人格林牧师，他在两位瑞士向导的陪同下出发，一行三人抵达了距离山顶仅200米的位置，但未能成功登顶。第一次登顶成功的纪录是由三位新西兰人创造的，他们是汤姆·费弗、杰克·克拉克和乔治·葛拉汉，他们三人于1894年圣诞节当天登顶成功。其他知名的登山者，包括埃德蒙·希拉里爵士和他的儿子彼得·希拉里及葛雷姆·丁格尔，都曾将这座奇特的高山作为训练基地。攀登库克山也是一项极其艰难和冒险的事业，目前已有超

过140名登山者为登顶而罹难。

库克山是这座国家公园的主要魅力之所在，但显然不是唯一的。库克山国家公园总面积约707平方千米，其中1/3的地方终年覆盖着积雪和冰川。许多座海拔超过3000米的山峰耸立在蓝天之下，包括海拔3498米的新西兰第二高峰塔斯曼山。游客从颇具传奇色彩的隐士旅馆可以观赏到库克山以及公园里其他山峰的绝妙景色。隐士旅馆是新西兰最负盛名的旅馆，能使游客在最佳角度欣赏公园全景。隐士旅馆首建于1884年，后来在1913年的一次洪水中被冲垮，随后重建的建筑物又在1957年被一场大火烧毁。目前游客所见到的隐士旅馆是第三次建造后的建筑。

在这个公园中，所有的冰川都扮演着重要角色。其中，有五条是游览库克山的人们不容错过的，而当中又以塔斯曼冰川最为特别。这条长30千米、平均宽2千米的冰川是除两极区域外地球上已知最宽的冰川。从高处俯瞰，塔斯曼冰川是一片壮美、动人的白色世界；然而倘若从它的底部往上望，它却显得阴沉可怖。和世界其他地区的冰川一样，新西兰的冰川都处于渐次消退中，但是塔斯曼冰川有一个特别之处，它最后几千米的区段几乎是平坦的，所以它在垂直方向上的消退比例明显超过了水平方向上的。

在冰雪融化的过程中，大大小小的石头依旧会停留在山坡与谷底，而不会因四周的冰雪融化

而被裹挟着向前挪移，因此在冰雪消融的地方，冰河里满是碎石，冰雪融化的速度因而减缓，使得这里的环境显得阴郁且荒凉。尽管融化过程持续进行，但有些地方的冰层厚度仍超过600米。

库克山国家公园处于中高海拔，所以冬天特别寒冷。但这里的春天比较温和，尽管常常姗姗来迟。南半球夏季期间，也就是每年的12月至次年1月，较低海拔处的温度能达到30℃，虽然湿度不比大陆分水岭的西半坡强烈，但也是偏高的。这里降水量充沛，海拔较低的山脚下的是雨，到了高海拔的山顶，则常常飘雪。

在这既偏僻又不适宜栖居的地方，仍然生存着不少动植物。每当春天来临，悬崖、峭壁和山坡上长满了小草，开满了无尽的鲜花，其中以雏菊和毛茛属植物最为茂盛。在毛茛属植物中，有一种植物为此地特有，它就是洁白的库克山百合（学名为荷叶毛茛，*Ranunculus lyallii*），这种世界闻名的毛茛属植物在这片区域非常繁盛。广阔的草原上遍布着银冠青冈的灌丛和小树林，这是一种能在这种区域性气候中蓬勃生长的矮种树。公园里栖息着40多种鸟，它们已经适应了这里的生活环境。然而，这里唯一的数量众多的留鸟是极小的岩异鹩，这种鸟能在地势较高的多岩盆地中平安度过寒冬。

鹰和黑背鸥以极快的速度从高空掠过；紧邻公园，黑鹳正要飞回波涛汹涌的塔斯曼河，在河床上筑巢，这一切都吸引着游客的目光。这片区域内最常见、最有趣的鸟类当数鹦鹉家族的成员之一——啄羊鹦鹉。这些鸟儿通常群集在热带区域，但在此处是个例外。啄羊鹦鹉是热爱高山的鸟儿，因此它们必须忍受寒冷、狂风和冰雪。啄羊鹦鹉生性顽皮，而且喜好交际，甚至在暴风雪中它们也能来一场嬉闹或游戏。这种鹦鹉并不像森林里的其他鹦鹉那样长着色彩艳丽的羽毛，它们只有浅灰绿色的羽色，因此在多石的山坡上很容

P218-219
这是库克山和塔斯曼冰川的近景。许多登山爱好者将自己的生命定格在了攀登这座高峰的挑战中。

P219 下
在一个晴朗的冬日，库克山（毛利语意为“穿云的山”）的尖顶直指无云的碧空。

P220 上
在库克山国家公园里，塔斯曼冰川侵蚀出宽阔的山谷，塔斯曼河从山谷的末端横穿而过，其蜿蜒的河道在这张俯拍照片中清晰可见。

P220 下
啄羊鹦鹉静止时的拟态颜色和它展开翅膀时呈现出的鲜艳的橘色相差甚远。

P221
两只年幼的啄羊鹦鹉在玩耍。这种奇怪的山地鹦鹉长着长长的鸟喙，可以用来耙地、寻找昆虫。

易伪装成静物。但是它的翅膀内侧是微红色的，所以在飞行的时候很容易被辨识。啄羊鹦鹉有着超强的飞行能力，能在天空中盘旋，抵挡猛烈且刺骨的山风，它沙哑地叫着，山谷间回荡着“ke-to”的声音，而这正是它名字的由来。新西兰的南阿尔卑斯山谷如果少了这独特的声音，那将完全不同。不幸的是，多年来啄羊鹦鹉一直名声不佳，它被指控为残杀羊只的害鸟，频遭人类的猎捕和毒杀。事实上，人们所看到的情形往往是，啄羊鹦鹉靠近已经死去的动物，用锋利的鸟喙从动物的尸体上撕下肉来食用。这可能是为了摄取蛋白质，以平衡它那几近素食的饮食结构。啄羊鹦鹉是一种既好奇又非常自信的鸟儿，许多研究人员为了与这些鹦鹉群邂逅而付出了不小的代价——他们的仪器、帐篷和睡袋都被鸟儿有计划地细细拆毁。

公园内另一种常见的动物是喜马拉雅塔尔羊。塔尔羊的原产地在喜马拉雅山区，它们被引进到这里已有一段时间，并且适应得很不错。塔尔羊是攀岩天才，能在这种松软而易碎的土地上来去自如。它们在公园里的伙伴还有马鹿和岩羚羊。马鹿更喜欢在低海拔区域活动，而岩羚羊则与塔尔羊共享那片陡峭的山坡。在人类抵达之前，南岛和整个新西兰除了几种蝙蝠以外，没有原生的哺乳动物。因此，我们现在在公园中看到的哺乳动物都不是“本地原产”，只有鸟类和无脊椎动物才是这里的原住民。

要从地质角度欣赏这座国家公园的美，你还可以搭乘飞机或直升机游览。这无疑是一种令人兴奋的体验，然而，这种方式却无缘直接接触到栖息在这里的动物。想要近距离观赏这里的动物，游客一定得选择有向导陪伴的短程游览——骑马或者在海拔较高处越野滑雪，也许这才是享受南阿尔卑斯山脉迷人自然风光的最佳途径。

Hawaii Volcanoes National Park

夏威夷火山国家公园

美国

P222 左
图为普欧火山口的空中鸟瞰图。普欧火山海拔约250米，20世纪90年代曾有过一次爆发，当时火山所在的岛屿面积一次增加了0.2平方千米。

P222 中
熔岩流和冰冷的海水相触产生的水蒸气云沿着大岛的南岸上升。

P222 右
近几十年来，夏威夷黑雁（*Branta sandvicensis*）濒临灭绝。到2018年，大约有1100只夏威夷黑雁在夏威夷岛上继续生存着，这些黑雁已经成了夏威夷州的象征。

P223
在大岛的基拉韦亚火山上，火山活动正处在强烈的状态。火热的熔岩河沿着火山山坡无情地流淌，描绘出极具戏剧性的场景。

欢迎来到夏威夷火山国家公园！传说中迷人的夏威夷火山女神佩蕾就居住于此，她的长发像熔岩一般漆黑。佩蕾最初的家是在尼豪岛，那是群岛西部一个较小的岛屿，她是被她的姐姐——掌管海与水的女神娜玛卡赶走的。传说中，娜玛卡追杀她到每一个小岛，破坏她的每一处避难之地。最后，佩蕾在大岛上岸，这是群岛中最大且最年轻的岛屿，她在基拉韦亚火山的火山口安顿下来，至今仍是这座火山的主宰。

夏威夷火山国家公园成立于1916年，是美国成立的第12座国家公园。成立公园的主要目的是保护区域内独特的火山地质，同时也保护并向世人展示这里的动植物群，以及古老的夏威夷民族那引人入胜的历史文化。

当你游览公园时，你将会发现这里的风景极为丰富多彩。事实上，从海边的热带海滩到冒纳罗亚火山的山顶，地貌类型差异极大。由于热带气候作用，公园拥有整片热带雨林，林中布满树生蕨类植物，地表还有大片的黑色疤痕，那是熔岩流残渣挥洒的杰作，不起眼的角落处长出一些新生的先锋植物。这里的魅力与火山是紧密联系在一起的。

无论你往何处看，都能看见由火山灰、浮石等堆成的丘陵，以及正在冒烟的岩石。那些凝固成形的熔岩河，有的表面凹凸不平，有的外观像绳索，被人们称为绳状熔岩。你可以行走在基拉韦亚火山的火山口下面，那里有几条小径，名字颇富戏剧性，如“毁灭之路”。从这里可以看到

岛上最典型的多型铁心木，它那灰色的树干如剪影般映衬在黑色的背景中，格外显眼。日落时分，你还可以看到炙热的熔岩流与太平洋的寒冷水面相遇，那奇妙的现象将令人难忘。

所有的这些体验都非常奇特，就好像时间倒流至远古时代，那时候大自然才是地球上的绝对主宰。火山本身就是庆祝地球诞生的典礼，是地球的原始力量仍在正常运行的证明。的确，正是因为能亲眼看见火山喷发，这座公园才显得与众不同。每一次火山喷发，其壮观程度或许不同，但无疑都惊心动魄。夏威夷火山国家公园是全世界为数不多的可以让人安全且近距离观察火山喷发这种极不寻常的自然现象的地方。事实上，夏威夷火山的爆发形式与陆相火山不同，它的熔岩浆较多且气体较少，是典型的盾状火山，几乎从不曾激烈地爆发。这里的火山能喷发出高达500米的惊人的岩浆泉，与之伴生的熔岩河流速很快，赤红的岩浆在原有的黑色岩层上流淌，颇有外星景观的氛围。

火山是令人惊叹的“创造者”，一手搭建了这里的万般景致。整个夏威夷群岛实际上就是海底火山山脉的山顶部分，经过证实，这个山脉底部长达2395千米。当西部群岛正在遭受冲蚀，且很长时间没有火山活动的迹象时，最东边的也是最年轻的大岛（或称夏威夷岛），却在继续扩张，而且它的乡间地带还在不断进化中。道路已被永久地阻绝，整片的村庄消失在熔岩之下，海岸线的边缘也在不停地更替着。

基拉韦亚火山和冒纳罗亚火山是夏威夷岛上的两大火山，也是全世界最活跃的两座火山，它们就位于夏威夷火山国家公园内。基拉韦亚火山大约有10万年的历史，但从地质学的角度来看，它只是个婴孩；另一座盾状火山冒纳罗亚火山位于基拉韦亚火山的西边，年代更为久远，其年龄可能有数百万年。如果从位于海底的山脚算起，冒纳罗亚火山将是世界上最高的山——从海平

P224 上
太平洋和基拉韦亚火山的熔岩接触，水与火激战，熔化的岩石碎片可以喷射到相当可观的高度。

P224 下
熔岩与大海相触的那一刻，伴随着浓厚的烟云和震耳欲聋的轰鸣声，壮观的火焰喷发而出。

P224-225
熔岩小瀑布沿着基拉韦亚火山坡上许多山孔流出来，为火山熔岩的喷发提供了出口。

P225 下
在接近河道末端时，熔岩河逐渐冷却并变得相当厚重，以至流速变缓，并且开始凝固成绳索的形状，即“绳状熔岩”。

面算起它的海拔超过5000米，但此外还有将近9000米的山体藏匿在海平面之下。然而，如果坐在汽车里就可以舒舒服服地抵达这些大火山的山顶，你肯定很难相信自己就位于一座火山之上。

和一般尖顶圆锥形的典型山顶不同，这些火山的山顶是高原地形，四周都是斜坡，整座山看起来就像战士的盾牌。山地周围还有被陡峭山壁环绕的巨大洼地，人们称之为破火山口。基拉韦亚破火山口直径约4千米，有许多可以步行到达的小径。山顶接连不断地突然塌陷，经过几个世纪的再次填充，从而造就了这种地貌。每次发生海底爆发，基拉韦亚火山底下大量熔化的岩石就

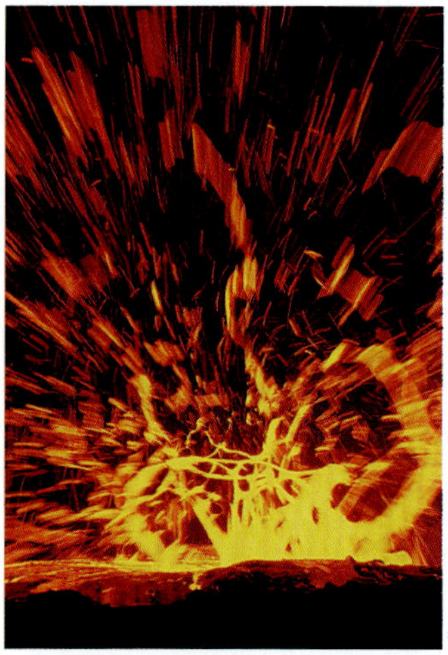

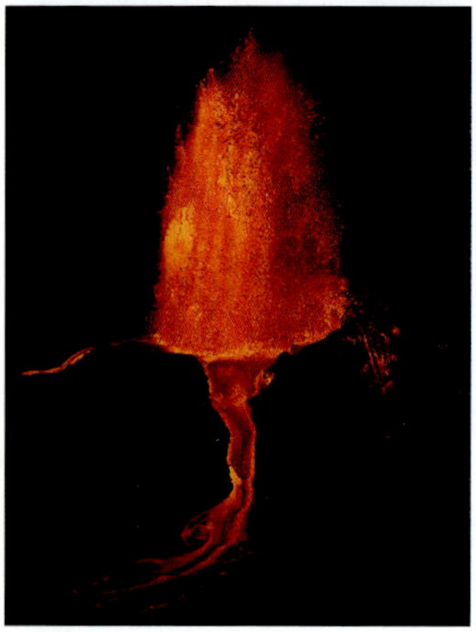

会被移除，导致其顶盖因自身重量而迅速崩塌。

1790年，基拉韦亚火山最后一次爆发导致了一群夏威夷士兵不幸遇难，这群士兵当时正在对抗世代生活在这里的民族的领袖卡美哈美哈国王。对岛上的原住民来说，这次火山爆发正是女神佩蕾支持卡美哈美哈国王的证明。卡美哈美哈国王后来成为大岛上的绝对领袖，并在随后几年中成功地统一了夏威夷群岛的其他岛屿。那些夏威夷士兵是因为吸入一种罕见的有毒气体窒息而死的，大量落下的火山灰和滚烫的岩浆在他们周围凝固，永远地留下了他们的模样，至今依然清晰可辨。不过，火山并不是这座公园唯一吸引人的地方。

夏威夷群岛位于太平洋正中央，与大陆架相距约5000千米，显然是地球上最孤独的地方，生物到此栖息的确是一种挑战。在数百万年以前，光秃秃的火山渐渐冒出大海表面，许多植物和动物偶然横渡太平洋，以某种方法抵达了这里。然而，只有少数物种能够成功地安居此地，而后，动植物的后代增长到近9000种独立的物种，使这里成为生物多样性的宝库，并为进化学家提供了一处研究实验室。

不幸的是，曾经以“进化岛”著称的夏威夷岛快要变成“灭绝岛”了。事实上，美国所有濒危动物中有超过25%的物种栖息在夏威夷，而夏威夷现有的约2400种原生物种中，也有一半正濒临灭绝。

夏威夷本来有可能成为原生物种多样性极为丰富的代表地区，但这一可能被人类引入的外来物种永远地改变了。夏威夷火山国家公园现在已经成为本地原生动植物的庇护所。或者更确切地说，夏威夷火山国家公园为已经永远逝去的物种多样性保留了它幸存的硕果。与此同时，夏威夷火山国家公园也成了发展“回归引种”项目的重要区域，主要重新引入那些受到严重威胁的物种。比如说，在公园里，由西方人引进的有害哺乳动物野猪和细尾獴必须被严格控制在一定的数量之内，以免夏威夷的树形蕨类森

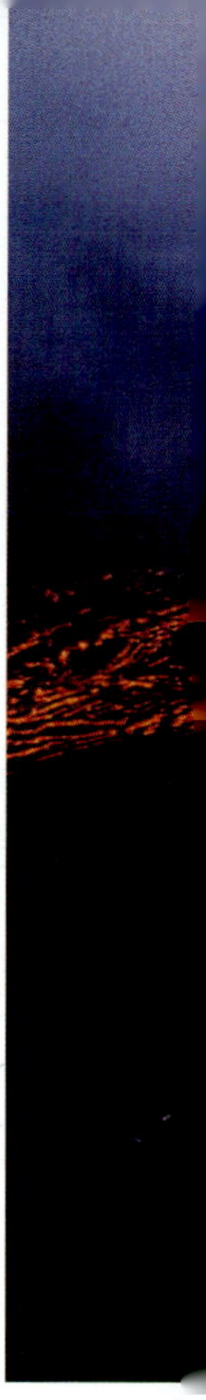

林遭受破坏。而只有保护好树形蕨类森林，大量的鸟类和无脊椎动物才能有条件适宜的栖息地。

夏威夷州的象征夏威夷黑雁也逃过了灭绝的厄运，这是此地实施特定保护计划的成果。然而，夏威夷黑雁仍列于濒危物种的名单上。在某些区域，自然本身就会给外来物种设置一道无法克服的天然屏障，如吉普卡·普欧鲁，这是夏威夷的植物和动物的庇护所，一处面积为1平方千米的原生森林绿洲，据说是火山女神佩蕾在400年前拯救下来的，它的四周是一大片熔岩。

森林中最高的树是寇阿相思树，它潮湿的树干上爬满了蕨类植物，在它的树枝间有3种长着弯鸟喙的小型鸟在此筑巢。在夏威夷的语言中，这3种小鸟的名字听起来像是：阿玛奇希（夏威夷绿雀）、阿巴巴尼（白臀蜜雀）和夷威伊（镰嘴管舌雀）。所有热爱大自然的人都希望能够继续看见这些生物，并用富有音乐感的名字称呼它们。这意味着在人们心中，保护这最后的热带天堂的意愿仍然存在，而天堂就在夏威夷火山国家公园之内。

P226 上
以黑色的天空为背景，巨大的熔岩气泡在与寒冷的海水亲密接触的瞬间发生爆炸，绽放出绚丽的烟花。

P226 中
好像处在巨大而嘈杂的打铁铺中，火山的原始力量将炙热的火山砾抛至相当惊人的高度。

P226 下
不知疲倦的基拉韦亚火山喷出熔岩的高度至少达500米，它炽热的颜色点亮了夏威夷的夜空。

P226-227
只有空中鸟瞰，才能体会基拉韦亚火山喷发时显现的庄严与壮观。在夜幕中，熔岩的颜色分外鲜明，也更令人浮想联翩。

第五章

北美洲 NORTH AMERICA

大西洋和太平洋把这块大陆与世界的其他地方分隔开来，只有一小段狭长的土地将这块大陆与南美洲连接在一起：这就是北美洲，一个包括加拿大、美国和墨西哥三个国家在内的世界。

北美洲的气候和自然环境有着极大的多样性，因而这片大陆的生物以及与之相关的文化也是极为丰富。在北纬70° 以上的北部边界区域，荒凉的冰冻岛屿如迷宫一般围绕着大北方。这一带大多被苔原覆盖，栖息着北美驯鹿和麝牛，是北阿拉斯加州和加拿大的典型景观，范围从巴芬湾一直延伸到哈得孙湾和波弗特海。在这里，一年中有5个月的时间太阳都在地平线之下。再往南，可以看见大片的北方松树林，这是宝贵的木材来源，无疑也是熊、狼、麋鹿、鹿和海狸的王国。

在纬度较低的区域，密布着枫树和橡树的阔叶林占据了景观的主要部分。落基山脉第一个支脉的东部是一望无际的大草原，这里是野牛的家园。美国东南部区域沐浴着从墨西哥湾吹来的温暖湿润的热带季风。在太平洋沿岸的美国加利福尼亚州是一片绿洲，气候类似于地中海。但是如果再稍稍往东去，在远离了潮湿海风影响的地方，亚热带区域就变成了遍布奇形怪状的仙人掌的沙漠，这片沙漠向南一直延伸到墨西哥的中心地带。

P228 左
加拿大班夫国家公园的水源丰富：有温泉，也有源自冰川的冰泉，还有汹涌的激流瀑布和平静的湖泊。

P228 中
从空中俯瞰冰川国家公园，这里的一切都是那样的雄伟而庞大。目光掠过广阔无垠的地平线，我们才能真正体会到人类是多么渺小！

P228 右
西雅图附近的奥林匹克国家公园，覆盖着广阔的晶莹剔透的冰川，这是北美洲风景多样性的又一个例证。

P229
北方的高山上是塑造地形的圣手——冰川，就如这张冰川国家公园的照片所展示的那样。

北美洲大陆的内陆航道系统非常重要：仅在加拿大就有超过25万个大大小小的湖泊。在加拿大和美国的边境交界处分布着世界上最大的湖泊系统——五大湖，苏必利尔湖、密歇根湖、休伦湖、伊利湖和安大略湖通过圣劳伦斯河和许多半人工运河相互连接。在美国境内，落基山脉的山麓，海拔1285米的高原上有一个含盐量为10%的大盐湖。几条大河横跨中部平原，形成了一个广阔的水路航运系统。密西西比河是仅次于尼罗河的世界上第二长的河流，它发源于落基山脉东侧，与密苏里河汇合之后形成可以通航的河流，再经过一个三角洲系统最后流入墨西哥湾。密西西比河流域的三角洲至今仍然保持着原始状态，且这里是一个重要的湿地自然保护区。与此同时，流经北美洲西部干燥区域的几条河流承担着“峡谷建造者”的角色，它们把一路上的风景塑造成非常独特的景观。

北美洲大陆的平均人口密度相对较低，与人类居住密度高的地区相比，北美洲大陆上广阔的未受人类破坏的土地和原生态的自然景观显得弥足珍贵。这些丰富且独特的风景区，如大峡谷、红杉国家公园、阿拉斯加山脉，长期以来使得当地对环境保护特别用心，而环保也早已成为他们最古老的传统之一。

P230-231
索诺拉沙漠中生长着数量众多的巨型仙人掌（高度达18米）。这种仙人掌通称为“萨瓜罗”，从上空看起来好似一支军队。

P230 下
这只雄性驼鹿正处于交配季节，它正在炫耀它那巨大的犄角，这将令雌性驼鹿情不自禁。

P231 上
图片展示了散布各处的茶柱。前景是松岚，它是另一种特别多刺的仙人掌。

P231 下左
这是位于美国加利福尼亚州的死亡谷国家公园的鸟瞰图。尽管它有个令人沉痛的名字，且气候炽热，但每年都会吸引数十万蜂拥而来的观光客。

P231 下右
美洲狮，又名美洲豹、山狮，是美洲分布最广的一种大型猫科动物。它适应性强，可以适应沙漠、高山或沼泽等多种生境。

世界上第一座国家公园就诞生在北美洲大陆，即于1872年在怀俄明州设立的黄石国家公园。1916年，美国国会正式宣布在自己的领土上建立保护区的基本目标，并且全权委托国家公园管理局“保存并全力维护风景、自然和历史性的元素，以及现有的动植物种群，以确保将来的世代子孙能够继续享用”。

今天的美国国家公园系统运作已十分高效，能灵活自如地应对日益增长的国内和国际旅游观光需求。美国国家公园管理局不仅是一个出色的保护组织，他们的成员还不辞辛劳地在每座公园的游客中心向不同类型的游客介绍，如何在不破坏脆弱的自然生态环境的前提下尽情地享受游玩的乐趣。联合国教科文组织已经宣布许多位于北美地区的国家公园为“世界遗产”，如沃特顿冰川国际和平公园，它在1932年由加拿大艾伯塔省的沃特顿国家公园与美国蒙大拿州的冰川国家公园合并而成，是世界上第一个跨越国界的自然保护区。有的国家公园除了具有自然环境方面的价值外，还具有历史和文化上的重要性，弗德台地就是最好的例子。“弗德台地”在西班牙语中的本意是“绿桌子”，这是一片覆盖着茂密森林的高原，就位于美国科罗拉多州和新墨西哥州的边界上。弗德台地是一个峡谷，峡谷中隐藏着古代阿纳萨兹人（Anasazi）的住所及居住痕迹，为人类在这个大陆上的存在提供了重要依据，这里也是最后一块被人类发现并定居的大陆。

在阿拉斯加州，一只灰熊正在捕捉一条洄游的鲑鱼。为了享用这种丰盛的美食，灰熊往往不惜长途跋涉。

Denali National Park and Preserve

迪纳利国家公园和自然保护区

美国

迪纳利国家公园和自然保护区坐落在雄伟壮丽的迪纳利山脉地区。迪纳利山海拔6190米，是北美洲最高峰，它在一片极具反差感的土地上默默地屹立着，有一半以上的区域常年被约11米厚的永久冰层覆盖着。在这个危机四伏的栖息地，游客既能看到大自然的豪迈壮阔，又能体验到在这片恶劣土地上生存的艰辛。世界上可没有多少地方能像迪纳利国家公园和自然保护区这样，让游客感受到人类的渺小与脆弱。

P234
这是一座巨大的冰川，只有最高的山峰才能从中浮现出来。这一幕不由得使我们想起遥远的冰河时期，同时也让我们深刻意识到，在这种恶劣的环境中生存是何等的不容易。

P235 上
照片记录下了难得一见的迪纳利山全景。这座山常年被厚厚的云团笼罩着。

P235 下左
大群的达尔绵羊已经准备好迎接冬天的严寒，届时，它们主要的食物就只有一些地衣和苔藓。

P235 下右
一只正值壮年的雄性北美驯鹿在为交配季节做准备。在这期间，它将为博取雌性驯鹿的欢心而战斗。它那引以为傲的鹿角在冬天来临前就会脱落。

与此同时，在晴朗的天空之下，一望无际的广阔平原，以及笼罩在云层中、使人联想到神的居所的山峰，连成一派无限的风光。这是位于阿拉斯加州中心地带的山区，6500万年以前，两大板块碰撞形成了迪纳利断层，这也是北美洲最引人注目的地壳断口。它从育空边界向西延伸到阿留申半岛，全长超过2000千米。从地质学的角度来看，这个地区仍然非常活跃：公园内有活火山，时常发生中等强度的地震，且迪纳利山所属的阿拉斯加山脉的高度仍然处于缓慢增长的过程中。

公园对比鲜明的独特美景归功于迪纳利断层：那里有色彩绚丽的山峦和陡峭的花岗岩山顶，还有广阔的低地和雄伟的高山（除了迪纳利山外，公园里还有多处海拔超过4000米的山峰），它们

被巨大的冰川不断侵蚀着。冰川沿着阿拉斯加山脉的斜面滑下，同时严酷的气温又延缓了冰川的融化。流经山谷底下的许多河流都来自这些冰川，那里气候比较温和，不同于海拔较高的山坡上的苔原，植被是常绿的北方针叶林，由生长茂盛的冷杉和落叶松、桦树、赤杨、白杨组成。

这里的河川都很年轻，河水中含有丰富的悬浮淤积物（被称为“石粉”）。河流在宽阔的山谷中流淌，河道每天都在改变，原本或许一成不变的沿岸景观也随之不断变化着。独具特色的地形地貌也使公园内栖息的动物别具特色。颇为有趣的是，地球上那些体格较大的动物，如高大的驼鹿，也能在这里生存，这要归功于那些不起眼的植物。事实上，苔原植物群主要由一些矮小的植物组成，它们可以忍受其他植物无法忍受的严寒。频繁来临的暴风雨，风速可达每小时240千米，苔原地带会永久地冻结，即使在夏天，地面也仅会融化几厘米而已。

如此荒凉、贫瘠的地方仍然生长着许多小而坚韧的植物，它们是这块荒野之地的先锋植物。阿拉斯加州选择害羞的勿忘草作为州的象征绝非偶然，从永无止境的冰天雪地到短暂而色彩绚丽的北极圈的夏天（那时候的夜晚顶多只有四五个小时），勿忘草为公园带来了最引人注目的变化。成簇的白色羊胡子草、锋利的莎草叶片以及一层鲜艳的小花，这简单之美却常常令游客惊羡不已。那些小花也在吸引着同样生存在这恶劣气候之下的少数昆虫。然而我们不能因为它们的微小就忽略其在生态学上的重要意义。成片的苔藓、地衣、蘑菇，以及蔓生的和开花的植物能够在

P236-237
灰熊的体表特征比较明显，因为其体形巨大而且背部有一个相当大的“驼峰”，它们是迪纳利国家公园真正的主人。

P237 上
这是一只既胆怯又难以捉摸的海狸，它正忙着啃食柳树枝。这些技巧熟练的“工程师”建造的水坝为许多生物营造了颇有价值的小生境。

P237 下左
雷鸟披着一身夏天的羽毛，在稀疏的草丛中小心翼翼地穿行。公园里所有掠食动物，如熊、狼、狐狸以及猛禽，都把它当作一道美食。

P237 下右
一只年轻的雄性麋鹿低着头，看起来像是为了让我们欣赏它的鹿角，现在鹿角的表面仍然覆盖着细密的绒毛。麋鹿每天大约要吃20千克的草，成年麋鹿的体重可达800千克以上，届时鹿角将长到2米多长。

短短几个月之内就完成它们的生命周期，它们足以支撑起一个以广阔的苔原和针叶林中的哺乳动物（如北美白大角羊、驯鹿、驼鹿、灰熊和狼）为顶端的食物链。

国家公园里栖息着37种哺乳动物和156种鸟类，包括迷人且多才多艺的旅鼠，以及各种留鸟和候鸟，它们都完全适应了这里苛刻的栖息地环境。然而之所以成立国家公园，是因为这儿栖息的大型物种十分珍贵。事实上，在如此偏远的区域建立自然保护区，主要是希望保护大型哺乳动物免受密集捕猎的威胁，并避免因人类活动造成的使之逐渐退化的不利影响。

被称为“迪纳利国家公园之父”的查尔斯·谢尔登是一位猎人、博物学家和自然环境保护主义者。1906—1907年，为了给大型哺乳动物划定一块保护区，使它们重新居留于此，他对迪纳利山区进行了广泛而详尽的考察。谢尔登于1908年发起了成立国家公园的活动，直到1917年，麦金利山国家公园（后于1980年改名为迪纳利国家公园）正式开放，他的努力才得到回报。公园的第一任负责人是哈里·卡斯滕斯，他是一位经验丰富的登山者，也是第一个攀登迪纳利山的人，还是谢尔登探险期间的向导。曾经的麦金利山国家公园比今天的公园小得多，事实上，当时它甚至没有包含整个迪纳利山区域。

谢尔登最初建议将公园命名为迪纳利国家公园，因为迪纳利在阿留申语中的意思是“高的那一个”，阿萨巴斯卡族人世世代代都称这座山为迪纳利山。他的建议于1980年被接受，当时阿

拉斯加州为了地方的自然保护制定了重要立法，并将公园重新命名为迪纳利国家公园，将其范围扩大到超过30 500平方千米。继1976年这处国家公园被宣布成立为生物圈保护区后，1980年12月2日，美国总统吉米·卡特正式签署一项官方法令，宣布其为国家公园。现在，公园被分成三个独立的区域进行管理。第一区为迪纳利荒野，即最初的麦金利山国家公园的区域，其主要目标在于全力保护这里的动植物群；第二区为国家公园，本区允许当地村民从事传统行业；第三区为自然保护区，本区允许捕猎、钓鱼以及经营运动项目。

早在数千年前，阿留申人就已将此处开辟为人类的疆土。在1980年被归入迪纳利国家公园和自然保护区的那片区域之内，当地居民仍可以从事传统的营生活动（狩猎、捕鱼以及采摘野果子等），这也是对阿萨巴斯卡族人的传统风俗习惯的尊重。自远古以来这个部族就经受着险恶气候的挑战，固守着这片不受侵扰的领土。他们过着游牧生活，从春到秋，阿萨巴斯卡族人在迪纳利山北方边界的小山上猎捕驯鹿、山羊和驼鹿，撒网捕鱼，采摘浆果腌制以供冬天食用。当冬天的第一场雪降临，他们就往山下迁移，去往尽量靠近河川的地方，因为那里更能让他们安然度过寒冷的冬天。

公园里还有两处狩猎保留区，在阿拉斯加州法律的约束下，基于传统营生以及出于运动休闲目的的狩猎和钓鱼活动是被允许的。细心、称职的公园巡察员除了保障公园和园内动物的安全以外，也会陪同游客徜徉在迷人的小径上。如同所有的植物一样，这里的动物也必须充分利用春

P238-239
北方的阳光洒在迪纳利山顶。

P239 上
阿拉斯加山脉清晰地呈现出冰川的塑形功效。

P239 下
在迪纳利国家公园内，源自阿拉斯加山脉的萨维奇河向北奔流。萨维奇河的四周生长着茂密的矮树丛。

末到秋季之间的好天气，去做完这一年中该做的事，到了冬天，它们将会放弃所有消耗较多能量的活动。许多常驻于这里的动物，如灰熊，会在冬天冬眠。灰熊是杂食性动物，有“北美洲最危险的动物”之称。在天气好的时候，它的主食是植物，但它的食谱上也包括昆虫和偶尔出现的幼小的北美驯鹿或驼鹿。它们也不排斥吃腐肉，吃腐肉是公园内的灰熊的特有行为，其他地方的灰熊几乎没有这种习性。整个冬天，灰熊都蜗居在兽穴里冬眠，在此期间只消耗自身体内贮存的脂肪，其体重会减少90千克以上。在这个季节，雌性灰熊一般会产下两只（偶尔是一只，很少是三只或四只）毫无防卫能力的幼崽，在接下来的四个月里，雌性灰熊会精心照顾幼崽们，此后还会再陪伴它们生活三到四年。幼熊最大的敌人是同类中的成年公熊，因为母熊只要身边还有幼熊就不会再交配，而成年公熊为了让母熊再次进入发情期会主动捕杀幼熊。

公园里栖息着的食草动物驯鹿是一种很独特的鹿。在鹿科家族中，驯鹿是唯一的不论雌雄都长着鹿角的鹿。驯鹿喜欢群居生活，它们会定期迁徙以应对恶劣的天气。到了冬天，它们会移居北方平原，并以地衣为主要食物。在过去的几十年内，公园里的驯鹿群遭受了重大变故。今天，游客常常可以看到二十几头驯鹿聚集在路旁静静地吃草，但在不久以前，它们的数量曾多达数千只。这在很大程度上来说是自然的波动现象，但也有助于我们理解，在这片危机四伏的土地上生存是多么艰难，因此也能意识到迪纳利国家公园和自然保护区作为它们的生存庇护所的重要性。

Banff and Jasper National Parks

班夫与贾斯珀国家公园

加拿大

P240 左
这只年轻的野生白山羊看起来很高兴，或许是因为它的蹄下盛开着美丽的春花。但它也随时保持警觉，因为捕食者很可能正在潜伏着。

P240 右
积雪山脉中的野生白山羊毛色纯白，毛皮非常厚。它们完全适应了在高山山脉中的生活，是落基山脉的特有种，尤其喜欢“秀”它们的攀登技术。

P241 上
帕特森山山体的坡面上布满了茂密的北方针叶林，山影倒映在佩投湖中，山形清晰地揭示了它的冰河起源。

P241 下
在大角羊群中，公羊的阶层地位是以犄角的大小来决定的。它们之间的打斗完全是仪式化的，不会对竞争者造成肉体上的伤害——唯一会受到伤害的是它们的自尊心。

加拿大落基山脉公园内有4座相邻的国家公园：贾斯珀国家公园、班夫国家公园、约霍国家公园和库特内国家公园，另外还有3座省立公园：罗布森山省立公园、阿西尼博因山省立公园和汉伯省立公园。这7座公园合在一起构成了全世界最大的、设施最完善的保护区之一，联合国教科文组织已将它们列入了《世界自然遗产》。在这几座公园当中，贾斯珀国家公园的面积最大，约有1.1万平方千米，它也是位置最靠北的一座。班夫国家公园的历史最为悠久，在1885年成立时只有26平方千米，目的是管控对珍贵的硫黄温泉的开发行为，如今它的面积已扩大到了6641平方千米。班夫国家公园的名字源自班夫镇，这是一处声名远扬的度假胜地。班夫镇备受青睐很容易理解：试想一下，世界上还有哪一个地方能像这里一样让游客可以在镇中心的酒店里近距离观赏漂亮的马鹿在花坛边上悠闲地吃草？从前这

P242 上

梦莲湖是班夫国家公园的一颗明珠。许久以前，别号“巴别塔”（据《圣经》记载，这是古代全人类团结一致建筑的一座通天塔）的大块巨石崩塌，导致周围的冰河外流受阻，日久而形成此湖。

P242 下左

托尔伯特湖湖岸的一只大角羊在喝水之前环顾四周。照片拍摄时间是在初冬，正是食肉动物特别活跃的季节。大角羊畏惧狼、郊狼、鹰和美洲狮，尽管只有美洲狮对它们而言比较危险。

P242 下右

借助自身的平衡力安详地睡在一棵白杨树上，这对我们人类来说似乎很不安全。这只黑熊（或称美洲黑熊）可能是在提醒我们——这里是“熊的国度”，我们只是客人。

P242-243

在贾斯珀国家公园内，极小的斯皮里特岛从玛琳湖中浮现出来。玛琳湖过去被称为大海狸湖，是许多游客的目的地，一趟90分钟的航游就足以让游客充分感受到这座湖的地质、历史和自然之美。

个区域就以森林野牛而闻名，这种野牛的体形比更为著名的平原野牛要小，如今已因狩猎而灭绝。

在班夫国家公园内，游客可以在野牛围场观赏来自加拿大西北地区伍德布法罗国家公园的一些野牛，它们悠闲地在围场内吃草，完全不理会闪烁的照相机。围场外有一个小山丘，那里居住着一个庞大的地松鼠群落；在加拿大落基山脉栖息着无数挖隧道、做兽穴的动物。加拿大落基山脉公园最负盛名的景点之一还有路易丝湖。路易丝湖水深90米，由于富含由维多利亚冰川带来的矿物质，湖水呈现出特殊而又美丽的蓝绿色。

只有在夏天才能绕道而行抵达十峰谷。十峰谷入口处映入眼帘的是难以言表的迷人风景：顶部被雪覆盖的温克奇纳群峰萦绕着梦莲湖，山影倒映在湖水中。游客行走在湖畔的小路上，眼前是波光粼粼的溪流、盛开的花朵和五颜六色的蘑菇。人们随心所欲地走走停停，闭上眼睛，呼吸空气中由麝香鹿、蕨类植物、松树和冷杉散发的香气，倾听大自然的声音。

班夫国家公园内最大的湖是明尼万卡湖，喜欢潜水的游客可以去湖床上的明尼万卡码头体验一番。一方面，游客可以享受宽阔的湖面所带来的平和与宁静；另一方面，汹涌的河流、飞流直下的急流，以及瀑布所迸发出的气势和能量，则彰显着加拿大落基山脉独有的生命力。约翰斯顿峡谷和密斯塔

亚峡谷（斯托尼语意为“多风的”）都是班夫国家公园中令人称奇的景点，吸引着无数游客前来欣赏。

公园内的动物种类丰富且数量众多，但往往难以捉摸。在森林里走一小段路，你会碰到正在觅食的啄木鸟，听到各种鸟儿的鸣叫。有一些鸟儿，如暗冠蓝鸦（羽毛蓝黑相间，是不列颠哥伦比亚省的象征），大部分时间都会徘徊在野餐区附近，甚至会吃游客手中的食物。在这种情形下，游客实在很难遵守“禁止喂食野生动物”的规定。如果乘坐汽车旅行，你可能会碰见一些大型哺乳动物，比如黑尾鹿和白尾鹿，与同类亲戚马鹿，以及郊狼、狐狸和浣熊等相比，它们更胆小也更敏捷。

到加拿大西部旅行的欧洲游客总是对这里广袤无垠的地貌感到惊奇。那些经常穿梭于阿尔卑斯山脉、亚平宁山脉或比利牛斯山脉的人，习惯了险峻陡峭和急转弯的道路。但在这里，车辆可以平稳行驶在近乎笔直的冰原大道上，一直开到海拔2000米的地方，即使是公共汽车那样大尺寸的露营拖车在这里都能够安全地驾驶，这是一件非同寻常的事情。随着海拔高度逐渐增加，乡间风光和植被带也在逐渐变化。茂密的松树林、银枞林和花旗松树林被亚高山带的草甸取代，山杜鹃、银莲花、龙胆、猫耳菊以及山茱萸的红色枝丫在此处呈现出一派五彩缤纷的景象。海拔超过2000米的地方生长着以矮柳、石南花、苔藓和地衣为主的植被，它们密密麻麻地铺满了大地，一直延伸到终年不化的冰川。

P244-245
从赫伯特湖湖岸远眺，加拿大落基山脉展现出它的雄伟壮丽，从森林到苔原的不同海拔区的不同植被层映入眼帘。

P244 下
这是班夫国家公园内路易丝湖的美丽景色。湖水的颜色非常特别，这是由湖的深度以及湖水所含的矿物质所致。

P245 上
驯鹿不论雌雄都长有鹿角，在鹿科动物之中非常特别。公鹿在交配季节会长出鹿角，而母鹿则在冬天才长出这种珍贵的武器，因为这个时候食物比较缺乏，且母鹿通常会在这个时候怀孕，因此更容易受到伤害。

P245 中
萨斯喀彻河蜿蜒流过贾斯珀国家公园。许多拓荒者受到黄金梦的诱惑，已经挑战过这片土地。而今天，我们意识到它的真正珍贵之处在于这些未受破坏的风景。

宽阔的道路穿过森林，道路两旁是繁茂的矮树丛。在这里，你能更容易见到正在采食美味的蓝莓、黑加仑、覆盆子或熊果的熊（多数是黑熊，很少有灰熊）。但邂逅一只熊也并非易事，游客可能得请教守林人如何才能够与一只熊近距离接触。然而，加拿大当地居民却会买来响盒和铃铛，希望借着噪声把熊吓走。游客须谨记的一点是，绝不能在熊掌可及的范围内留下任何食物或残渣。在1950年到1980年之间，班夫国家公园和贾斯珀国家公园内有超过500只熊被杀，还有同样数量的熊被捕获后又被放生。因为这些熊已经学会了到附近的屋子里搜寻食物，并且会对任何靠近它们食物的人表现出攻击性。

从那以后，园区内便增设了防熊垃圾桶。游客们被告知，黑熊这种看起来懒洋洋又可爱的贪吃的动物，生气时的奔跑速度是人类的两倍，甚至会跟踪受害者爬到树上。园区鼓励游客在远处观察这些野生动物。现在，借助双筒望远镜，游客们甚至可以清楚地看到野生白山羊在光秃秃的岩峰上跑来跑去，在那里，天敌很难追捕到它们。穿过园区道路海拔最高的那一片地方（处在班夫国家公园和贾斯珀国家公园之间）正好环绕着哥伦比亚冰原。哥伦比亚冰原是一片神奇的广阔冰雪覆盖区，总长度超过300千米，深度超过300米。

再沿着山谷往下走，从冰河倾泻而下的湍急水流形成了气势壮观的瀑布，如桑瓦普塔瀑布和阿萨巴斯卡瀑布。它们虽然都不高，但却像是铆足了劲要把此地的所有活力呈现出来：水流在富含石英的岩石之中雷鸣般轰鸣，溅起的飞沫间折射出彩虹的光影，让来到这个偏远之处的人暂时忘却外面的世界，像从前生活在这里的人们一样汲取新的能量。于1907年建立的贾斯珀镇上有许多短程的游览路线，这个国家公园就是以此镇命名的。喜爱冒险的游客可以挑战伊迪斯·卡韦尔山，而倾向于休闲游览的游客则可以搭乘现代化的缆车登上马莫特盆地滑雪场。

这里的土拨鼠体色很特别，白色的背与黑色的爪形成鲜明的对比，它们的学名是灰白旱獭（*Marmota caligata*），意思是“穿长靴的土拨鼠”。玛琳湖是拜访贾斯珀国家公园的游客最不容错过的终极目的地：白雪皑皑的山峰环抱着翡翠般的湖泊，一个只有几米见方的极小的岛屿位于湖中心，岛上覆盖着一片南洋杉。

玛琳湖是加拿大落基山脉里最大的湖，也是世界第二大冰川湖，湖的名字出自玛琳河，而玛琳河是由一位曾尝试渡河却被急流冲失了马和食物的传教士命名的。喜欢刺激的人，可以尝试乘坐橡皮艇在蜿蜒壮丽的玛琳峡谷中快速穿行漂流，沿岸说不定会有一只好奇的美洲狮隐藏在植物丛中，悄悄观察着眼前的一切。

P245 下
温克奇纳群峰（群峰的名字在斯托尼语中的意思是“十”）充当着梦莲湖的背景板，是一个宁静且充满神秘感的地方。可千万不要错过在湖岸散步的机会！

Yellowstone National Park

黄石国家公园

美国

P246 左
北美野牛（*Bison bison*）是整个北美洲体形最庞大的哺乳动物，体重几乎可达1吨。黄石国家公园里栖息着数千头北美野牛。

P246 右
在酷寒的冬天，白色是黄石公园的主色调，热气腾腾的温泉与积雪融为一体。

P247 上
黄石国家公园内，数量繁多的温泉缓解着火洞河冰冷的河水，两只加拿大马鹿趁机悠闲地渡河。

P247 下
在间歇泉的上盆地，游客有机会目睹城堡喷泉的爆发。城堡喷泉的底部结构看起来像是一个中世纪的城堡，因此得名。但它那所谓的“城堡”其实是矿盐的沉积物。

在1807年以后的近50年的时间里，人们一直将黄石国家公园所在的区域称为“寇特的地狱”。那时，美国猎人、探险家约翰·寇特描述了他在怀俄明州的一个广大区域发现硫黄温泉和蒸汽温泉的传奇经历，当时怀俄明州只有一半的区域有人类居住。美洲的许多地方都有印第安人定居，但这里的情况不同：从来没有印第安人定居。所有可能的迹象显示，当时人们害怕的是令这块土地变得如此活跃、如此嘈杂的“狂暴精灵”。黄石公园的自然之美，几乎都是在偶然的情况下被人们一点一点发现的。

任何敢于以身涉险进入这片危机四伏的多蒸汽区域的人，几乎都是出于两个理由：狩猎以获取毛皮和寻找黄金。在1870年，华许本探险队进军此地，这是第一次正式且系统地探索黄石区域。当他们翻越一处山脊时，探险队员们发现了一个神奇的沸腾喷泉，喷泉发出

P248-249
黄石国家公园内的硫黄水潭是强烈的地热活动的地上表征。这些水潭往往都非常深，界限分明。

P248 下左
黄石国家公园北边的风光地带，零落的树木散布在广阔的草地和牧场上。

P248 下右
黄石国家公园的寒带针叶林被清澈的流水隔断，数量可观的生物得以依此生存。

嘶嘶声，喷出的白色蒸汽高达40米！他们耐心地等了很久，才见到又一次的爆发，由此他们了解了此处的喷泉爆发是经常性而且有固定间隔的。

于是，他们毫不迟疑地把这奇妙的喷泉命名为“老忠实喷泉”，即使到今天，老忠实

P249 上
从黄石国家公园内邓雷文小径的顶端，你可以欣赏到黄昏落在远方的阿布萨罗卡岭上的景象。

P249 下左
图片展示了牵牛花池那勾人魂魄的一瞬间。这是一个位于间歇泉上盆地的富含硫黄的水潭。潭水底部生长着细菌和藻类，使得潭水的颜色随着日光而变幻。

P249 下右
晨雾中，一群年幼的加拿大马鹿跟在母鹿身旁，公鹿体格较大，不太合群。

喷泉依旧是这座公园里最具象征性的间歇泉。后来，一系列真正独特事物的发现引发了探险热潮，进而整个区域都获得了政府保护，国家公园的构想开始在政府层面上取得进展。两年后，这个想法变成了现实。1872年，时任美国总统格兰特正式宣布黄石国家公园为美国第一座国家公园。同时，它也是全世界第一座国家公园，但是当时宣布该区域列入保护只是一纸空文，并未付诸任何实际行动。

几十年来，这座公园曾经是狩猎者的乐园，遭受着肆意破坏。在20世纪初，它又深受盗贼的侵扰。军队的频繁介入也难以确保模棱两可的管理条例得到有效实施。直到1917年，黄石国家公园才被新成立的国家公园管理局纳入管辖之下，与此同时，公园的管理人员被安排来接待游客，并向游客宣讲国家公园背后的意义。管理条例和行为规范由此逐渐发展成形，成为日后成立的类似公园的表率。

在放弃了修建往返于各处间歇泉的摆渡车以及在峡谷间配置辅助攀登的电梯的想法之后，公园管理部门面临的问题是如何保护这处看似荒蛮实则极为脆弱的区域。在那些年，乘坐观光巴士越来越流行，公园管理部门颇有远见地预设了一些基础设施来应对，同时也兼顾了公园内生态系统的平衡。

虽然1937年到访公园的游客只有50万人次左右，但是如今，黄石国家公园的年平均访客量已高达400万人次，1950年建造的峡谷村庄旁边不得不建立起多个游客接待区。黄石国家公园最具吸引力的景点自然是它的地热景观，这里拥有全世界最密集的间歇泉、温泉和喷气孔。

世界上再也找不到其他能有如此大面积的接近地球内部热源的地方。人们测得此处80米深处的温度为200℃。据估计，黄石国家公园地下2000～3000米处存在熔岩，也就是说，黄石国家公园就坐落在60万年以前形成的火山口上。来自地底的滚烫热气使得纵横交织的地下水网络中的流水持续升温，蒸汽在地表的裂口处猛烈喷出，就好像一个巨大的压力锅上的阀门，有时还伴随着一连串的爆炸声，这就是间歇泉。它们呈圆锥形或喷嘴形，是公园最奇妙的自然景观。这种

P250-251
一个晴朗的春日，一群北美野牛在横渡河流。迁徙时，成牛会围在幼牛周围，以便给予幼牛更多的保护。

P251 上
黄石河的下瀑布是峡谷内最高的瀑布，落差大约90米。湍流抵达峡谷底部时溅起了巨大的水花，因而很难辨认出底下的河面。

P251 中上
一只雄性马鹿摆出一副警惕的姿态。只有雄性的鹿才有典型的分叉状鹿角，而且只在一年中的特定时间才有，过了这段时间鹿角就自然脱落了。

P251 中下
这是黄石国家公园内一处令人赏心悦目的风景。它的那些非凡的或有时不那么宁静的景观，像是温泉、喷气孔和间歇泉等，实际上都集中在其他区域。

间歇泉在黄石国家公园内有300多处，占全世界所有已发现的间歇泉总数的三分之二。最具特色的喷泉都已被赋予了个性十足的名字，每一座喷泉都有标志性的特征：老忠实喷泉是第一个被人们发现的间歇泉；河滨喷泉以一定的角度喷射，在火洞河上方形成一道彩虹般的水幕；圆锥形的城堡喷泉像极了中世纪城堡；圆柱喷泉像烟火一样往四面八方喷射；汽船喷泉是世界最大的间歇泉，它的喷发间隔很长，就像一具庞大的蒸汽引擎，能喷到120米这样令人难以置信的高度！

在黄石国家公园内，温泉是另外一种遍布在园区各处的地热现象。北部地区的马默斯温泉美得摄人心魄：腾腾的蒸汽从脆弱的台地上升起，到处都是白色和黄色的钙华，这些都是石灰石和白垩矿物分解后再沉淀的结晶。公园里还有五彩缤纷的温泉池。翡翠池的水温非常适合细菌和藻类生长，因此池水中央呈绿色，而靠近边缘处则呈黄色和橘色。

温泉、喷气孔、沸腾的泥浆和间歇泉的盆地，引人联想起地狱般的景象，这一切与周围的环境形成了鲜明对比。在周围苍翠的针叶林和辽阔的草原之中，栖息着无数的大型食草动物，它们就静静地吃着草，似乎没有觉察到游客的存在。这里是野牛和鹿的天堂，如此美妙的场景好像是专为摄影师准备的，好用镜头记录它们的影像。黑熊、灰熊和郊狼相对而言不容易碰见，它们只在清晨出没。

如果到达公园的东南端，你就可以欣赏到黄石湖的美景。这是北美洲最大的高海拔湖泊，面积有350平方千米。湖水源自黄石河，全年大部分时间内湖面上都结着一层薄冰。沿着河边往北

P251 下
黄石河流入与之同名的巨大的湖泊之中，这是河口的照片，此处位于公园的东南部，海拔为2300米。

P252-253
马默斯温泉特有的蒸气“阶梯”是由易碎的钙华形成的，这是黄石国家公园内最引人入胜的景点之一。

P252 下
这里是黄石公园内的鹈鹕谷。在一个晴朗的冬天，一场大雪过后，空气格外清爽，能见度极高，我们可以眺望远处的肖肖尼岭。

P253 上
两只稚嫩的黑尾鹿（*Odocolieus hemionus*）好奇地看着镜头。清晨或傍晚的时候更容易捕捉到它们活动的场景。

P253 中
在这张照片中，白雪洗净了黄石河的峡谷壁，使其呈现出真正的颜色，正如名字里的“黄石”一样，呈现出一种温暖的赭黄色。

P253 下
新降的雪也无法浇灭温泉的热情。在黄石国家公园里，温泉不断地在诺里斯潭中释放出白色蒸汽。

是一处缺口，河水在此处长年累月地蚀刻着，雕凿出了深深的峡谷。黄石这个名字的灵感就来自于峡谷山壁的颜色，那是一种令人眼花缭乱的赭黄色。

在名为艺术家观景点和灵感观景点的两处观景台，你可以饱览峡谷的最佳景色。在这里，黄石河急速下落200米，你能看到两条主要瀑布：上瀑布和下瀑布。下瀑布的声音震耳欲聋，落差有90米，是尼亚加拉大瀑布的落差的两倍。无论走到哪里，你都可看到公园里真正的耀眼之星——从地底沸腾上升的灼热的硫黄泉，它不断改变着地表的外观，那些随处可见的蒸汽将这里的风景营造得与众不同。在原野上，冰冷清澈的流水蜿蜒其中，将背景中的峡谷衬托得更加灵动。在漫漫冬季，皑皑的白雪覆盖着森林和大草原。各种不同形态的水刻画出黄石国家公园别样的风情，不断描绘着大自然构成的美妙画卷。

Yosemite National Park

约塞米蒂国家公园

美国

P254 左
约塞米蒂国家公园里有很多瀑布，它们让这里的景色变得更加生动多姿。照片中的瀑布是弗纳尔瀑布。在阳光明媚的日子里，瀑布脚下总会出现一道彩虹。

P254 右
在公园南口附近，马里波萨丛林中的古树——巨杉是约塞米蒂国家公园里最吸引人的风景之一。

P255 上
刚刚下过一场雪，仅仅隔了一天，约塞米蒂山谷的景色就变得完全不一样了，人们差点就认不出来它。白雪覆盖着的多石圆顶和万里无云的冬季天空之间形成了更为鲜明的对比。

P255 下左
这是默塞德河的一段河道。默塞德河的侵蚀作用是形成约塞米蒂山谷的最初动力，之后才由冰川接续完成这项自然工程。

P255 下右
从许多观景点都可以远眺阿尔塔山脉，阿尔塔山脉构成了公园东部的天然边界。

自1833年约塞米蒂山谷被发现之后，一众作家、艺术家和摄影家纷纷造访此地，希望为这处自然奇观留下忠实而生动的影像。然而，任何描绘都无法再现亲身游览的体验，这也许就是为什么每年都有超过350万游客来到约塞米蒂国家公园。约塞米蒂国家公园位于美国加利福尼亚州中部内华达山脉西麓。当你从西面靠近，转过一个宽阔的大弯道之后，呈现在眼前的是一处十分美丽的峡谷。保存这块自然瑰宝的愿望可以追溯到多年之前：事实上，最早正是约塞米蒂山谷催生出了“国家公园”这一概念，然而这项殊荣却被黄石国家公园先行领受了。在那个时代“环保者”的思想推动之下，时任美国总统亚伯拉罕·林肯在1864年签署了一项法案，将约塞米蒂山

一群黑尾鹿即将隐匿在夜色中，夕阳最后的余晖描摹出半圆顶山那特征鲜明的轮廓。

谷和南方的巨杉森林——马里波萨丛林列入美国加利福尼亚州的保护范围。再后来，美国博物学家约翰·缪尔为之四方奔走，他的著作充分体现了他对这片土地自然的深爱，多亏了他坚持不懈的努力，约塞米蒂山谷最终于1890年被宣布成为美国的第二座国家公园——约塞米蒂国家公园。

约塞米蒂山谷被称为“无与伦比的山谷”，它可能是全世界最典型的冰川峡谷，有着完美的“U”形曲线。之前由默塞德河雕刻而成的高山冰川缓缓流经峡谷，留下两侧陡峭的山坡和平坦的谷底。这个区域原来是约塞米蒂湖，这是一个典型的堰塞山谷，由冰河的末端冰碛向上游堆积而成，沉淀物填满之后，湖也就消失了。约塞米蒂山谷中的其他湖泊也拥有大体相同的命运。

山坡上的花岗岩经冰雪雕琢，只留下了最坚硬的部分，包括独块巨石，如大教堂岩和酋长岩。其中，酋长岩的岩壁几乎是垂直的，其底部到顶端的高度约1100米。多年来，这里一直是全世界自由攀岩者最向往的目的地之一，是他们心中的攀岩圣地。无论何时，在距离地面数百米的花岗岩壁上总有攀岩者的身影。山谷对面的斜坡上还有另一块独体巨石。独体巨石已经成为约塞米蒂国家公园的一种象征。

根据地质学家的描述，半圆顶山得名于它那类似半圆形屋顶的独特轮廓，巨大的冰川通过时把它恰到好处地侵蚀成两半。在印第安人的传说中，半圆顶山其实是派尤特族（Payute）一位名叫提赛稚可的妇人变的，她被发怒的神灵变成了这块石头。这位印第安妇人因自己不幸的遭遇而

P257 上
一小群雄性黑尾鹿正要涉水过河。它们还处在幼年成长期，鹿角毛茸茸的。

P257 下左
平行的山脉群形成了名副其实的拱壁，成了约塞米蒂国家公园西部的天然边界。

P257 下右
内华达山脉那完美无瑕的山峰坐落在公园的东边，它们的平均海拔超过3000米。这里属于亚北极区气候。

这是冬天的约塞米蒂山谷。昏暗的天空和笼罩山巅的云层营造出一种神秘且令人心悸的气氛。

哭泣，流下的眼泪在她的脸上刻画出两道沟壑，最终汇集在山脚下的米勒湖中。任何一个攀岩者如果能成功攀上半圆顶山，一定会倍感兴奋，因为半圆顶山北面岩壁的倾斜度达93%！不过，还有别的途径可以登上半圆顶山顶部，那是一条全长约13千米、上升高度为1500米的陡峭难行的小路。约塞米蒂国家公园中最热门的景点之一是冰川点，它位于垂直高度大约1000米的崖边，令人难忘的约塞米蒂瀑布就在这儿，从那里能观赏整座山谷。约塞米蒂瀑布的落差达740米，是北美洲最高的瀑布。

附近还有一座比较小的新娘面纱瀑布，特别是在秋天水量不再充裕时，它会展现更为别样的美丽。阿瓦尼齐印第安人称这座瀑布为风之灵，因为突如其来的阵风会将瀑布的水流从岩石表面吹离，形成闪烁的喷射水花。再往前走，你会看到阿尔塔山脉的环山犹如风景幕布一样徐徐展开。在春天，公园里的植被变得郁郁葱葱，田野上繁花似锦，苍翠的森林里遍布松树与橡树，呈现出一派独特的景象。公园的最南端是一个不容错过的角落，这里有巨杉形成的孤立森林。巨杉是一种古老树种，目前只生长在美国加利福尼亚州内华达山脉西边的山坡上。

约塞米蒂国家公园内最著名的是有“灰熊巨人”（Grizzly Giant）之称的神木，它高65米，底部直径为9米，据估计有2700年的树龄。公园北部游客最少，但是它提供了很有趣的高地游览机会：图奥勒米草甸是内华达山脉最大的亚高山带，海拔1776米。在这里，高达4000米的雄伟壮丽的阿尔塔山脉似乎触手可及。在这片绿草地中有一条小径蜿蜒伸展，它是著名的约翰·缪尔步道的一部分，这条长320千米的约翰·缪尔步道连接着约塞米蒂山谷和惠特尼山。对于考察这片土地并且热爱这片土地的探险家约翰·缪尔来说，以其名字命名这条山路正是向他致敬。

Grand Canyon National Park

大峡谷国家公园

美国

科罗拉多河从落基山脉的斜坡上奔流而下，在过去的数百万年以来一直细致耐心地雕凿着美国亚利桑那州的古老岩石，它从发源地流向加利福尼亚湾，全长约2330千米。科罗拉多河在沿途蚀刻出无数峡谷，但是只有在亚利桑那州北部的高地上才能欣赏到它真正的杰作。在这里，科罗拉多河对地壳的侵蚀达到了极致的深度，由此诞生了一个或许是世界上最负盛名的自然奇观——科罗拉多大峡谷。美国亚利桑那州也因大峡谷的存在而有了“大峡谷州”之称。

P260
科罗拉多大峡谷的沟壑在清晨的光影中或明或暗地变幻着，倍显雄伟。

P261 上
从卫星图中可以清楚地了解到侵蚀作用是如何逐渐改变凯巴布高原的外貌，进而通过形成大峡谷再对凯巴布高原造成了深远的影响。

P261 下
这是美国亚利桑那州典型的大峡谷景色。大峡谷国家公园的重要性不仅在于它那秀丽的景观，而且也在于大峡谷的成因具有重要的地质学意义。

大峡谷的深度和宽度并不均衡，从谷底向上测量，最高处达1829米；而在某些地方，大峡谷的宽度超过29千米。最早发现科罗拉多河惊人的侵蚀效果的是由美国地质学家约翰·卫斯理·波威尔领导的9人探险队。1869年，这9位拓荒先锋乘坐4艘小木船在科罗拉多河试航。在此后的短短几年内，由于该地区蕴藏着丰富的铜矿和石棉矿，人们对这里产生了兴趣。但是后来的事实证明，观光旅游业才是此处真正有潜力的行业。

在1901年之前，从美国亚利桑那州威廉车站开往峡谷南缘的铁路线路就已经通车。那时，人们在离南缘不远处建造了至今仍在营业的埃尔托瓦尔酒店。然而，直到1919年，即伍德罗·威尔逊总统宣布成立国家公园管理局的三年

后，大峡谷才成为一座国家公园。此后，历任总统逐渐将公园的面积扩大，如今大峡谷国家公园的面积已达约4930平方千米。在公园范围内，科罗拉多河从利斯津流至大瓦士崖，这一区段的长度为447千米。1979年10月26日，大峡谷国家公园被列入《世界遗产名录》，它的自然价值得到了进一步的认可。任何到美国旅游的人几乎无一例外地都要造访大峡谷国家公园，每年造访大峡谷国家公园的游客达数百万人次。

从地质学的角度来看，大峡谷的重要性在于其丰富的岩层。这些岩层保存良好，人们可以清晰地从峡谷岩壁上分辨出不同的岩层，这些岩层记载着北美洲大陆最古老的自然地质史的一部

P262-263
位于亚利桑那州的景色壮丽的大峡谷国家公园，每年为数百万游客提供了非常有趣的短程旅行，游客甚至可以乘坐橡皮艇在沟涧中漂流。

P262 下
在大峡谷的一个蜿蜒处，小瀑布沿着垂直山壁的一道犁沟落下。这道犁沟便展示了流水强大的侵蚀作用。

P263 上
科罗拉多河是大峡谷国家公园内的众多景点之一。从这里可以清楚看到缓慢而无情的侵蚀作用对地质地貌造成的影响。科罗拉多河在数百万年的时间里一直不停地侵蚀着这片土地，雕刻出了日渐宽阔的河床。

P263下左和下右
1540年，西班牙士兵发现了大峡谷，他们是首批发现大峡谷的欧洲人。这座峡谷可能拥有世界上最为壮观的侵蚀地貌：峡谷蜿蜒447千米，有些地方宽29千米。

分。岩石之所以呈现出鲜艳的颜色，是因为它富含大量经过长期风化及氧化的铁矿。河流是峡谷遭受侵蚀的主要因素，同时，雨水和冰雪的侵蚀作用也不容小觑。

亚利桑那州北部属于半干旱性气候，干旱期很长。然而，这里的降雨，尤其是在夏末突然来袭的猛烈雷雨，对这一地区具有强大的侵蚀作用。这座峡谷注定会变得越来越宽，然后不断地侵吞周边的高原森林区域。高原森林的主要植被是针叶林，灰绿色的表层植被和峡谷山壁的颜色对比鲜明，成了公园内另一生动的景观。要欣赏这些景观最好沿着南缘的道路游览，然后在日落时分选一处不那么拥挤的观景点停下来。眼前，从薄雾中升起的一大片如波涛般汹涌壮阔的岩石令人望而生畏，人类在这些展开的自然力量面前显得格外渺小。

Bryce Canyon National Park

布赖斯峡谷国家公园

美国

“那里有如监狱废墟般的深洞和峡谷，有带城齿且墙壁强固的城堡，有带钟楼和尖塔顶的教堂，还有壁龛和凹槽……那里呈现出了一幅人类前所未见的最狂野、最令人称奇的风景，是世界奇迹之一。”

这是土地测量员贝利于1877年对布赖斯峡谷所谓的“圆形剧场”的生动描述。在那些年里，峡谷及其周围的地区引起了人们极大的兴趣，各种探险队带回了这个位于犹他州南部的整个地区的照片和地图。这里原来是派尤特人的家园。根据他们的传说，圆形剧场里的石柱其实是被愤怒的神明判处永远变成岩石的人类。

大约在1776年，以西班牙士兵和传教士为主的第一批欧洲人到达此处，此后派尤特文明在这里的统治地位便结束了。现在，派尤特人继

P264
这是布赖斯峡谷国家公园的鸟瞰图，棉花般的云朵覆盖在峡谷上，透过云隙望去，布赖斯峡谷的美丽景色若隐若现。

P265 上
几缕阳光奋力穿透了遮蔽天空的浓密云层，使峡谷岩壁的颜色更为温暖，对比之下，白雪的冷色调也更为突出。

P265 下
冬季的布赖斯峡谷更是魅力无穷。奇特的岩层在皑皑白雪的映衬下，展现出鲜亮的赭色。

续以少数民族的身份居住在印第安保留区。苏格兰人艾比尼瑟 · 布赖斯和妻子玛丽受教会派遣来到这里，试图在帕里亚山谷开辟农场。他们建起了一个灌溉系统以便未来种植农作物，但是这次尝试并不太成功。他们一家居住的地方有许多奇形怪状的岩层。后来，每个人提到那里都称之为“布赖斯峡谷”。布赖斯逃离这块荒凉的土地前往亚利桑那州的时候，留下了一个令人印象深刻的关于峡谷的定义：“损失牛群的险恶地狱”（布赖斯曾在那里牧牛）。

殖民者对这片土地的粗暴干预，注定会永远改变这里此前从未有人涉足的环境。肆意而为的砍伐和毫无节制的放牧加速了岩层的崩解。直到1920年，人们才开始认真考虑针对这片区域的环境保护规划。1923年，这里被宣布列入国家级自然遗迹，联合太平洋铁路公司把它纳入旅游线路，并在西南部的著名景点处设立了交通停靠站。1928年2月25日，保护区的面积扩张了一倍，并被宣布确立为国家公园。

如今，布赖斯峡谷国家公园欢迎着来自世界各地的游客，它壮观的风景从未让来到这里的游客失望过。我们可以从任何一个观景点欣赏这座公园：从各个方向上望过去，马卡干高原、塞维利亚高原和阿奎里厄特高原占据着地平线，它们的平均海拔约2500米。在东边，这种宁静气氛被圆形剧场打破。圆形剧场非常独特，由帕里亚河侵蚀而成，这种侵蚀过程至今仍在进行中。在南边，我们可以看到大阶梯，那是一连串颜色各异的巨大岩石台地，从粉红崖开始，一路往下延伸为灰崖、白崖和朱红崖。

布赖斯峡谷国家公园的地质历史与美国西南部的诸多公园类似。峡谷区域原本是海洋，经过漫长的演变成为海岸线、沿海平原和湖床。今天，它的地形地貌主要是风和流水的强大侵蚀作用所塑造的结果。沿着岩石的天然断层线移动，侵蚀和瓦解作用首先塑造了长而平行的山壁形状，这些山壁在某些位置破碎成无数尖尖的石峰，其中有些又高又细，看起来随时都会倒塌。在山壁上，有一些被称为“天洞”的天然窗户，透过这些天洞往外看，天空的深蓝色和岩石的红色形成了强烈的色彩对比。脆弱的天然桥架构成巨型的拱门，奇形怪状的岩柱被称为不祥之物，有人认为这些岩柱会向观察它们的人施魔法，令观者着迷。

总有人会乐意帮助你辨认一些知名岩柱的轮廓，不过同时也需要你发挥想象力，还得选择合适的观察角度。这些岩柱被赋予了许多名字，如教皇、维多利亚皇后、伦敦塔桥、

P266 左
从空中俯瞰峡谷，你能清晰地看出河流是如何扮演着美国整个西南部地质历史的主要角色。

P266 右
犹他州的半沙漠气候也不能阻挡植被的生长，这个区域的植被可以一直往下蔓延到布赖斯峡谷的谷底。

P266-267
布赖斯峡谷的岩壁宛如一座拥有众多城齿和角楼的中世纪城堡，它默默见证着强大的自然力量。

长城、欧塞利斯神庙等。尽管布赖斯峡谷所处的地区本就因侵蚀地貌而闻名，但这些奇形怪状的岩柱仍使得这个峡谷卓尔不群。

游客主要在夏季蜂拥而至观赏美景，但是布赖斯峡谷冬季的景色更令人难忘，因为那时的峡谷会幻化成一片令人应接不暇的奇境。峡谷里，冬季的天空比以往任何时候都更为晴朗，山峰顶部被皑皑白雪覆盖，洁白的雪衬得垂直山壁的颜色比往日更为红艳。美洲狮会来到这里过冬，在白色背景之下，这种害羞而又沉默的峡谷居民格外醒目，也更容易被游客们看见。冬季，公园里的其他动物如黑尾鹿、野兔和狐狸等也乐于深入峡谷腹地，因为那里更加暖和。高原植被以针叶林和白杨林为主，那里是窝在巢穴中冬眠的草原犬鼠、松鼠和旱獭的家园。每年这个时候，游客只能靠越野滑雪来探索峡谷，这样也能够真正与远离夏日喧闹的大自然亲密接触。

Everglades National Park

大沼泽地国家公园

美国

P268 左

事实证明，大沼泽地是黑头鹮鹳（*Mycteria americana*）的理想栖息地，这是一种大型鹳，喜欢在沼泽和湿草原捕食鱼类、软体动物、两栖动物和昆虫。

P268 右

褐鹈鹕（*Pelecanus occidentalis*）栖息在海岸区域和大沼泽地的河口。它们能够从高空直接俯冲入水中，抓捕它们在空中已锁定的鱼。

P269

这是大沼泽地国家公园的空中鸟瞰图。半淹没的锯齿草大草原一直延伸到佛罗里达湾，来自奥基乔比湖的淡水与大西洋的海水在此处汇合。

在美国所有的国家公园当中，大沼泽地国家公园既不是面积最大的，也不是最受访客欢迎的，但它一定是最潮湿的。

大沼泽地国家公园的大部分区域终年淹没于水中，所以在这里，即使是白尾鹿也都适应了半水生的生活。这处看似极广阔的沼泽地，实际上是一条完整的河流。但由于河流的宽度达到了80千米，而平均深度却只有2米，所以人们几乎感觉不到河床的坡度，因此在外观上也很难辨认出这是一条河流；它位于奥基乔比湖附近，高于海平面不过50米，流经160千米平缓的河道之后，最后汇入佛罗里达湾。

与美国西部那些典型、著名的景观截然不同，位于佛罗里达半岛最南端的大沼泽地曾一度被人以为是一个没有升值潜力的、不值得保护的区域。从19世纪末起直到20世纪20年代，第一批殖民者甚至无数次试着把沼泽里的积水排出，以便用于土地开垦。然而，这一片“草河”始终没有完全消失。如今，大约有一半的原始湿地被保存下来，但动植物物种数却只剩下原来的1/10左右。无疑，认识到这片广大的亚热带湿地的重要性是保护整个大沼泽地的基本前提。1947年12月6日，时任美国总统哈里 · S. 杜鲁门亲自主持了大沼泽地国家公园的落成典礼。

大沼泽地国家公园复杂的生物网建立在多孔的石灰岩浅盆地上，在远古时代，这里曾是温暖的海洋底部，如今这片浅盆地上覆盖着一层薄薄的黏土和泥煤，为植物提供了适宜生长的土壤。

P270 上
大蓝鹭（*Ardea herodias*）是体形最大的美洲鹭。大沼泽地可谓是这种既喜爱咸水环境又离不开淡水滋养的动物的天堂。

P270 下左
美洲蛇鹈（*Anhinga anhinga*）又被称作水火鸡，在大沼泽地非常常见。它刚刚潜到水下捕鱼，而此刻正在阳光下晾晒湿漉漉的翅膀。它在水里时会把长脖子露出水面，看上去很像蛇，因而有了“蛇鸟”这一外号。

P270 下右
香睡莲的叶子铺满了大沼泽地的水域，大片一本芒属植物半淹没在水中。

P270-271
佛罗里达美洲狮是美洲狮的一个亚种。现在这种猫科动物仅生活在佛罗里达州南部。

这里是北美洲唯一一个能同时见到松树、橡树、兰花与热带树木的地方；在公园内比较干燥的区域，甚至是针叶林也能茂盛生长，这在一定程度上归功于火灾的再生作用。现在，森林巡逻员定期在公园内人为引发山火，这些火灾有助于维持植物的混生状况，保持生态系统的平衡。在松树枝间，浣熊和负鼠找到了它们理想的栖息地，而壁虎和蜥蜴则喜欢坐在树干上晒太阳。森林是大沼泽地国家公园里唯一可以全年徒步探索的角落。在雨季，公园里的其他区域完全被洪水淹没，泛滥成一片名副其实的沼泽，印第安塞米诺人称之为“水草之河”（印第安语为“Pah-Hay-Okee”）。

在我们看来，沼泽地就像是一片极为广袤的草原，一望无际的视野时不时被覆盖着树木的小岛阻断。在这片草原上，只要稍微高出几米就足以形成像湖心岛一样的沉积物，棕榈树和热带阔叶植物在小岛上蓬勃生长，与之伴生的还有攀缘植物、苔藓，以及各种各样的附生植物。但是，在这片一望无际的大草原上，最主要的植物却是一种被人们称为锯齿草（学名一本芒）的莎草科植物，它的叶片又长又硬，还有着锯齿状边缘，任何试图拔掉它的人，手掌都会被割出深深的伤口。锯齿草的根就深深地扎在覆盖河床的黏土层中。这些草枯死以后就堆集在河床底部，形成腐殖土，进而成为滋养柳树和玉兰的理想土壤。

在这个独特的生态系统中，食物链的底端是浮游生物，它们和大量的藻类等有机物混合在一起疯长着，几乎覆盖了大沼泽地的全部水面。这些淡黄色的浮游生物为昆虫幼虫、蝌蚪、小鱼和其他各种小型浅水栖息动物提供了食物，接着，这些小型动物又成了更大型动物的猎物，如此递延，一直到达食物链金字塔的最顶端，在那里的是最可怕的爬行动物，也是这片领地至高无上的王者——美洲鳄。

美洲鳄通常会选择石灰岩河床上自然形成的深洞作为自己的家，这种深洞的准确叫法是“鳄鱼坑”。鳄鱼坑是维持大沼泽地生态系统平衡非常重要的元素。每只美洲鳄都会整理好自己坑内的清洁卫生，随时把腐败物质清除干净。在旱季，当周围的区域都干涸时，鳄鱼坑就成了公园内水生动物唯一的绿洲。在这个季节，鱼、海龟和青蛙不得不冒着极大的危险与最强势的掠食者比邻而居。过去，大沼泽地内栖息着的这些爬行动物的重要性一直被忽视了，那时人们的焦点都集中在如何从贩卖鳄鱼皮中获取巨额利润。这种状况一直到1961年才得到转变，那一年美国出台了禁止猎取鳄鱼的法律。自从成为受保护的物种以后，美洲鳄在佛罗里达州的数量大幅增加，后来已不再被认为是濒危物种。

冬天，成千上万的鸟群聚在鳄鱼坑周围，鹈鹕、鹭、秧鸡、鹗和鹳等物种通常很信任人类，

P272-273
派恩格雷湖上的日落美轮美奂。夕阳最后的余晖努力穿透大片乌云，大沼泽地松树的轮廓倒映在水面上。

P272 下
大沼泽地的草原刚下过一场暴雨。夏天，这里几乎每天都会下雨，这恢复了生态系统平衡所需要的水储备。

P273 上
密西西比鳄（*Alligator mississipiensis*）是北美洲最大的爬行动物，它们时常会出现在大沼泽地国家公园的沼泽区。另外，这里还有罕见的美洲鳄，它的吻部较宽且较圆。

P273 下
位于大沼泽地国家公园内的“水草之河”（印第安语 “Pah-Hay-Okee”）长满了落羽杉（*Taxodium distichum*）。落羽杉是一种落叶针叶树，可以长到37米高，它们喜欢潮湿的环境，甚至可以直接生长于水中。

因此可以近距离观察它们。蛇鹈是常见的鸟类，它会潜进水里，用尖锐的鸟喙刺鱼，再将鱼抛掷到空中，然后熟练地囫囵吞进肚里。在捕猎和午餐之后，蛇鹈会飞到树上，展开湿漉漉的翅膀，一边晾干羽毛一边休息。生活在这里的食螺鸢是美国最稀有的鸟类之一，它们往往在湿地上方一边飞翔一边俯视着仔细寻找它唯一的食物——福寿螺。

随着雨水充足的夏季的来临，咄咄逼人的动物兵团出现了，它们比美洲鳄小很多，但远比美洲鳄可怕，这就是蚊子。众所周知，蚊子在积水里产卵。纵使使用足够剂量的驱蚊液，也无法避免这些贪婪的昆虫的攻击。然而，青蛙们却非常乐见其成，因为这意味着整个夏天它们都不用为食物发愁了。每当夜幕降临，蛙鸣声此起彼伏不绝于耳，美洲鳄的“低鸣”也为之伴奏，整个公园宛若一场盛大的音乐会的舞台。

大沼泽地是那些曾经遍布北美洲的各类动物最后的庇护所，因此尤为重要。举例来说，佛罗里达美洲狮目前仅栖居在此处，而且数量非常稀少。同样，这里的佛罗里达海牛现在也面临着生存的威胁，这些性情温和的海洋哺乳动物体形巨大，重量得以吨计算：它们的生存威胁在一定程度上是由水污染引起的，此外另一个原因是这种动物喜欢在海湾和河口周围懒洋洋地游动，一点一点地啃食藻类，这使得它们时常被过往船只的螺旋桨误伤，而且这种伤害常常是致命的。所幸的是，如今公园内制定了严格的保护规定，以避免这种珍贵的动物灭绝。细致严谨的保护计划是公园及其栖息动物美好未来的唯一保证，同样，也只有贯彻这些保护计划，才能让更多游客欣赏到大沼泽地国家公园美丽的自然景观。

第六章

南美洲 SOUTH AMERICA

南美洲的轮廓紧凑而简单，呈现出一个底边朝北、顶点向南延伸至南极圈的倒三角形。南美洲大陆海岸线的形状较单调，没有大的半岛或海湾，岛屿也很少。从地理形态学上看，它可被划分为几个基本单元：安第斯山脉、中央平原和东部高地。

东部高地包括圭亚那高原和巴西高原，二者被亚马孙平原隔开，这是属于太古宇和古生界的地块，由最底层的结晶片岩和上面的许多层砂岩组成。强烈的侵蚀作用使这些地质结构破碎成很多部分，彼此之间被深谷隔开。较低的中央平原由新生界和近代的沉淀物组成，可分为三大平原：奥里诺科平原、亚马孙平原和拉普拉塔平原，一直延伸到潘帕斯草原和南部的巴塔哥尼亚高原。最后，安第斯山脉由一系列陡峭的高山山脉组成，这些山脉的形成年代较晚，展现了高地的造山运动。美洲中部的山脉多半是火山，它们构成狭长的地峡，连同安的列斯群岛，将北美洲和南美洲连接起来。纬度方向上延伸的高耸山脉阻隔了海风，所以这里的气候差异很大。从索诺拉沙漠到麦哲伦海峡，可以划分出56个生物地理区域，其中大部分属于新热带区，如此，便构成了南美洲繁复多样的自然环境。

安第斯山脉拥有全世界最多的火山，包括位于阿根廷的世界最高的活火山安托法亚火山（6409米）和世界最高的死火山阿空加瓜火山（约6960米）；亚马孙河流域面积超过700万平方千米，是世界上最广的流域，并拥有无数条支流，这让亚马孙河成为世界流量最大的河流；的的喀喀湖位于玻利维亚和秘鲁之间，海拔约3810米，是世界上海拔最高的可通行大船的湖泊；委

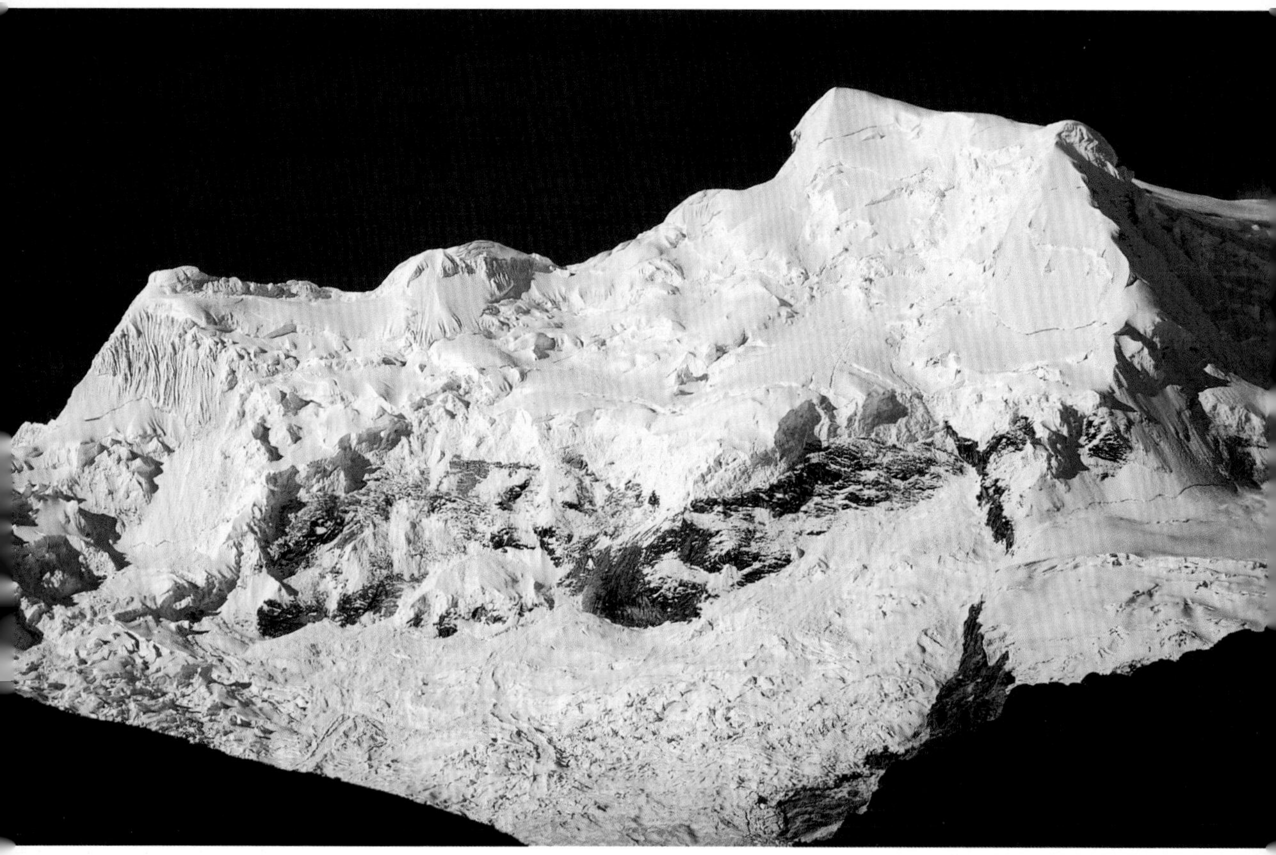

内瑞拉的安赫尔瀑布是世界上落差最大的瀑布（979米）；阿根廷冰川国家公园拥有地球上面积最大的、终年不化的山顶积雪。除了这些世界之最以外，南美洲还有许多宝贵的自然财富：最著名的便是亚马孙雨林，人们至今尚未揭晓它的所有秘密。此外，还有伊瓜苏河上的许多大瀑布、倒映在百内河水面上的百内三塔和帕伊内峰、个性十足的桌状山、潘塔纳尔湿地、潘帕斯草原、塞拉多草原和大萨瓦纳草地；以及加勒比海的珊瑚礁、哥斯达黎加的白沙滩和加拉帕戈斯群岛的生物乐园，各路美景可谓美不胜收。

P274 左
瓦斯卡兰山是秘鲁布兰卡山脉的主干山，最高峰海拔6768米。

P274 中
瓦斯卡兰山上覆盖着冰雪，它是南美洲最负盛名的山峰之一，也是南美洲大陆上数得上的高山。

P274 右
安第斯神鹫的翼幅宽达3米，是大型昼行性猛禽。安第斯神鹫翅膀的表面可以让它在不拍打翅膀的情况下一直滑翔。

P275
巨大的冰川碎裂成数以千计的冰塔和冰隙，高度超过600米。布兰卡山脉位于秘鲁安第斯山脉的亚层群山脉，它的名字“Cordillera Blanca”（白色山脉）可谓名副其实。

P276 上
兰加努科湖由冰川融水汇集而成，背景处是瓦斯卡兰山的北坡，高1600多米，这一数据是由意大利登山家雷纳多·卡札洛托于1977年测定的。

P276 下左
巨嘴鸟生活在南美洲的森林里，它那巨大而非常轻巧的鸟喙是珍贵的工具。此外，鸟喙鲜艳的颜色在巨嘴鸟之间相互辨识以及求偶等方面也起到了重要的作用。

P276 下右
金刚鹦鹉虽然体形较大，却是飞行能手，因为它们长着长而尖的翅膀。虽然飞起来比较沉重，但是它们仍然能够应付长距离的飞行。照片中是红绿金刚鹦鹉。

P276-277
紫蓝金刚鹦鹉正展示着它那美丽的钴蓝色羽毛，它是世界上最大的鹦鹉。

P277 下
白鹭是潘塔纳尔湿地里常见的鸟类之一。在抓捕鱼类和两栖动物时，它用那灵活的长腿在湿地里快速移动。

鉴于这些景观的独特性，联合国教科文组织决定将其中一些国家公园列入《世界遗产名录》或划定为生物圈保护区。截至目前，许多人倾注了大量心血来保护这些自然瑰宝，几乎所有拉丁美洲国家都已正式成立了负责监督和管理保护区的组织。然而目前，保护工作仍然有许多障碍需要克服。比如没有充足的经费雇请足够称职的工作人员，没有完备的、可承接大批量游客的基础设施，而旅游收入恰恰是支撑世界上绝大部分国家公园正常运作的重要资金来源。当然也有例外，哥斯达黎加、巴西或阿根廷的一些公园就是模范保护区。

如同世界上其他保护区经常发生的情形一样，当地特有的动植物正面临被偷猎的威胁。曾经只被当地印第安人用作食物或制作日常服装的动物，现在却被肆意捕获或杀害，出售给动物园、用于研究、开垦土地或是仅仅为了皮毛贸易，结果无情地颠覆了自然平衡状态。如今，这里的许多物种已被列入1973年《华盛顿公约》所规定的濒危物种名单，禁止或限制濒危野生动植物的国际贸易。但在黑市上，仍有兰花、美洲豹皮毛和凯门鳄鱼皮以天文数字的价格被出售。为了开垦新的农业耕地，或为跨国公司伐取珍贵的木材和开采石油等原因，森林也岌岌可危，这同样导致了最后的亚马孙印第安人的迅速消失。

P278 上
火红的蝴蝶停在凯门鳄的头顶上。蝴蝶的优雅和精致与凯门鳄那富有攻击性的外表形成了鲜明的对比。然而，这种爬行动物并不会对人类造成威胁。

P278 下
美洲豹的斑纹毛皮看起来光彩夺目，事实上，这样的花纹有助于它隐藏在森林的光影之下。

P278-279
在百内国家公园，一群原驼正慢悠悠地在幽静的山谷中散步。原驼是骆马的远祖。

阿根廷和智利的荒漠平原正被迫遭受着畜牧业日益繁盛造成的压力。为了保护帕伊内峰等区域，政府在征收了大量土地之后建立了国家公园。发展畜牧业的大群牛羊带来了双重问题，一方面，大群牛羊毁坏了大量植被，夺走了野生食草动物原有的食物资源；另一方面，被抛弃在半荒野环境中的狗群不仅威胁着像普度鹿这样的小型食草动物的生命，而且也赶走了大耳狐之类的食肉动物。最后，泄漏的石油严重威胁了原本形成于极清澈水域的加勒比海珊瑚礁。总而言之，环境保护仍然任重而道远。接下来的内容将讲述南美洲多样化的生态系统和丰富的动植物品种，你会了解到为了适应总是被威胁着的千变万化的大自然，生物是如何进化的。

Coco Island National Park

科科岛国家公园

哥斯达黎加

随手翻开一本地图册，你可以在距哥斯达黎加西南海岸线400千米处发现一座长10千米、宽4千米的岛屿：科科岛，也就是“椰子岛”的意思，它的名字透露了岛上的主要食物。然而在几个世纪以前，这里还是世界上最神秘的地方之一，以至于许多人都怀疑这个小岛是否真的存在。

这颗被遗落在热带地区的璀璨明珠神秘莫测，激发了许多作家和艺术家的想象力。近年来，作为电影《侏罗纪公园》的拍摄外景地，科科岛跃入了大众的视线，受到了广泛的关注。但早在19世纪，这个小岛

P280
双髻鲨，也叫锤头鲨，它的一双小眼睛就长在槌形头的两边。

P281 下左
与鲸鲨相遇无疑是最令人惊悚的邂逅之一。鲸鲨是世界上最大的鱼类之一，是一种对人类无害的滤食动物，以微小的浮游生物为食。

P281 下中
许多双髻鲨在海水中徘徊寻找猎物。在这些水域出没的鲨鱼当中，双髻鲨是最常见的。

P281 下右
这只黑印白眼鲛头上的鼻孔清晰可见，且被一片称为“鼻瓣”的皮肤褶层覆盖着。这些鱼有着最发达的嗅觉。

一只红脚塘鹅正站在高枝上的巢中，扫视着周围。这种海鸟发现科科岛是理想的繁殖之处。

就已经在文学领域声名鹊起。事实上，科科岛正是罗伯特·斯蒂文森笔下的金银岛，也是许多海盗冒险故事上演的舞台。1526年，西班牙人胡安·卡威萨偶然在大雾弥漫的海上发现了这片绿洲，这段迷人的探险历程十分令人回味。在接下来的两个世纪中，这座小岛被那些在附近海域航行的人当作淡水和新鲜水果的补给站，而这些航海者大多是肆无忌惮的海盗和冒险家。岛上只有一个登陆点，即半月形的海滩——夏坦湾。其余区域都布满密密麻麻的雨林，雨林的生长速度可谓惊人，即使到今天，在这片雨林中探险也是困难重重。

科科岛是极度喜水的热带植物的天堂，这里的年降水量约为7000毫米，显然不太适合人类居住。20世纪初，殖民者曾试着在这里定居，但这一两次尝试很快就以失败告终。然而由殖民者带来的大量外来动物（猪、老鼠、猫和山羊）被留在了小岛上，严重破坏了当地的生态系统平衡。

许多勇敢的拓荒者幻想着一夜暴富，不远千里来到这里，寻找传说中海盗埋藏的宝藏，但是从来没有人真正找到过那些宝藏。实际上，多年来这座岛一直是许多海盗的秘密隐匿处，其中最有名的海盗是班尼特·格雷姆，他的战名叫贝尼托·贝尼托。这名英国水手用他对女王陛下的忠诚换取了船——“骷髅”号（Jolly Roger）。后来，“骷髅”号在19世纪成为西班牙商船队的心腹大患。格雷姆最大胆的一次行动是以牺牲利马贵族的利益为代价的。当时这些贵族试图从秘鲁的血腥冲突中保住自己的财产，因此他们决定将财产运输委托给英国海军。一个自称“格雷姆海军上将”的舰队司令依约前来，在装载了大约350吨的黄金之后，船起锚出发，然而不久后，船上却升起了骷髅旗。这些秘鲁贵族这才意识到这是一艘海盗船，他们只能眼睁睁地看着海盗船朝科科岛驶去。无情的报复接踵而至，最后海盗们全被逮捕，但那些财宝却下落不明。

虽然飞速生长的植物覆盖了从前海盗的路径或挖掘的痕迹，但并没有阻止那些狂热的想要寻找黄金的冒险家。为了找到传说中的宝藏，德国人奥古斯都·吉斯勒在科科岛生活了18年，最后还是放弃了。

今天的科科岛不过是哥斯达黎加国家公园管理局的一个小小的前哨站，他们不允许游客在那

P282-283
科科岛上依然遍布着苍翠欲滴的森林。从前，这里被水手和海盗当作新鲜水果和淡水的补给站。

P283 上
红唇燕鱼是稀有鱼类。而且，它只生存在哥斯达黎加的科科岛公园，是这里的特有种。

P283 上中
像所有的珊瑚礁一样，此处见证了无限的生物多样性。在科科岛国家公园的切实保护下，这片水域栖息着极为丰富的鱼类。

P283 下中
一只长着发达背鳍的旗鱼平静而满足地悠游在离海面仅几米的地方。与剑鱼一样，旗鱼也有一个长且尖锐的上颚。

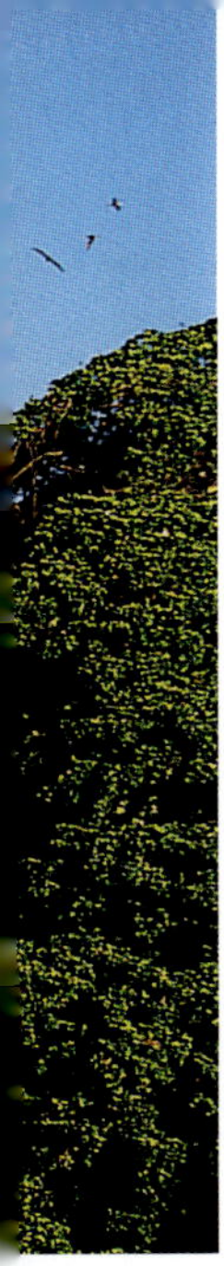

里停留。那些希望在这座岛上游览数天的人，只能在停靠在海湾的装备齐全的船上过夜。科科岛是世界上最大的无人岛，正因如此它才显得格外迷人。与世隔绝的地理位置和独特的气候环境赋予了科科岛丰富的生物多样性，并使之成为特别的自然保护区。如今的科科岛是一座完整的国家公园，是哥斯达黎加——一个特别关注自然资源保护的国家的骄傲和荣耀。

早在20世纪60年代，哥斯达黎加就建立起了庞大而清晰的保护区网络。决策者们更愿意去投资和保护他们的领土，而不是毫无节制地开发。这种远见卓识正在为哥斯达黎加带来越来越多的高素质访客，这些人也真正懂得如何欣赏大自然原始的繁荣景象。专业的接待团队以及便利的基础设施使访客们倍感舒适，最重要的是，他们还受到了当地人的热情欢迎。正因如此，访客们乐于再次到访，并为这个面临严峻经济挑战的国家提供宝贵的经济支援。

科科岛对于潜水爱好者来说具有特别的吸引力。海岸线附近海域是热带鱼、海龟、鲨鱼等动物群集的多彩世界。那里还活跃着许多双髻鲨，它们那醒目的身形总是令深海潜水者不寒而栗。

这座公园的重要性还在于它所拥有的大量特有物种：70多种动物是这里独有的，而且许多植物也是这里的特有种。科科岛是全世界观鸟者向往的乐园。有超过80种的鸟类在这座岛上筑巢定居，包括至少3种以上的稀有种，如科科苍头燕雀、科科霸鹟、科科杜鹃等。进化的历程在这座岛上不停上演，新的生物变种不断产生。每次普查都会有新物种被列入名录，这得归功于这里的险要地势，有悬崖峭壁和丘陵，海拔634米的最高峰伊格勒夏斯山上覆盖着层层密集的植物，人们很难揭示它的所有秘密。

所以说，科科岛上真的有宝藏：就是岛上繁杂的生物多样性。如何维持它、保护它，这份责任就在我们身上。

P283 下
几个世纪以来，蝠鲼一直被人们误解，人类畏惧它，称它为“魔鬼鱼”。这个名字来源于它那两支长得像角的附属品，其实那是用来将捕获的浮游生物送入口中的肢体（如同人的手）。

Canaima National Park

卡奈马国家公园

委内瑞拉

在奥里诺科河西南部栖息着大量的鳄鱼和水蚺，那里是圭亚那的阿尔塔高地，委内瑞拉的卡奈马国家公园就坐落于此。卡奈马国家公园的面积广达3万平方千米，是南美洲最具特色的自然景区之一。

在保护区的东部，一大片名为大萨瓦纳的草地构成了南美洲的一处热带稀树草原景观。草原景观不时被河边的热带树木阻断，这些树木清晰地勾勒出不同大小、不同形状的河流曲线，形状特别的桌状山也巧妙地在大草原上亮相。那些形状像一张张桌面的台面突兀地从平原上拔地而起，其独特的垂直面上满是多彩的砂岩，平坦的山顶被风横扫，所以上面只能生长矮小的树林，倾斜的树干高度从不会超过10米，树枝上还有无数的气生根错综交织。

这个区域属于赤道气候带，一年四季降水充沛，许多河流流经此地，有的甚至流经桌状山山顶。当流

水突然奔涌到高原边缘时，会急转直下，形成泡沫纷飞的大大小小的瀑布，如阿察瀑布。1937年，一位名叫吉米·安赫尔的探险家偶然翻越了奥扬特普伊山，后来这里成了最负盛名的桌状山。吉米·安赫尔当时原本在寻找传说中的黄金城，但却发现了无价的自然瑰宝——世界上最高的瀑布，其落差将近1000米。世世代代生活在这里的佩蒙人称它为“Churùnmerù”，意思是“跳跃的水”。如今，为了纪念它的发现者，人们通常称它为安赫尔瀑布。安赫尔瀑布是由卡罗尼河形成的，一条银色缎带在灰色、红色砂岩的映衬之下，水量逐渐增加，最后消失在一片交织着郁郁葱葱的绿色植物的浓雾中……真是一幅令人难忘的景象！

河流沿岸生长着大片的热带森林，这是潮湿栖息地中典型的植物群落，包括数量众多的单杆鳞果棕（*Mauritia flexuosa*）。这些高地上形成了孤立的生态系统，其中有许多本土特有种。

P284 上
小食蚁兽是一种树栖动物，外形像大食蚁兽，但体格明显小得多。它那几乎不长毛的尾巴是用来抓取食物的。

P284 中
一只小美洲豹跟随母亲行走在森林中。这种大型猫科动物是南美洲最大的掠食者。因为崇尚它的强健和美丽，在前哥伦布时期（又称印第安时期，是指新大陆在明显受到来自欧洲文化的影响之前的历史时期）的文明中它被奉为神明。

P284 下
貘擅长游泳，再宽广的河道它也会毫不迟疑地横渡，这不仅是一种逃命的方式，也是因为它习惯于不断迁移。第一批欧洲来的探险者曾把它们误认为河马。

P285
卡奈马国家公园水源丰富，植被茂密，园区内遍布桌状山。这是些很有特色的山，它们垂直的山壁使得山顶几乎无法登临，因而成为一座座迷人的、物种多样的孤岛。

P286 上
关于食人鱼的传说有很多，而且它的危险程度往往被人们夸大了。不过，它们仍然算是危险的掠食者，长着强而有力的利齿，栖息在较大的浅滩上。

P286 下左
枫叶龟埋伏在一个水池中。它在池底伪装，等待小猎物经过时迅速伸长脖子张开大嘴，一口将其吞下。

在这名副其实的天然植物园内，生长着凤梨科莲座凤梨属、杜鹃花科腺白珠属和菊科鳞菊木属植物，它们都是本土特有种。公园的西区称为盖亚内地盾，那里生长着绵延数万平方千米的密不透风的雨林。雨林中有一种当地独有的侏姬兰。在这里，大量的群落交错带（即不同生态系统之间的相交地带）强化了广阔的赤道生物圈的多样性，使得大量动物可以在这里找到食物和栖息地。

华丽的美洲豹是这里无声的统治者，它的爪虽然短胖，但步伐却非常轻捷，以至于在灌木丛中行走都不会弄断一根细枝。美洲豹非常强壮，可以轻轻松松负荷180千克，它还是游泳和爬树的好手，是力大无穷的象征，然而对印第安人来说，它却代表着邪恶。无论是有斑纹的美洲豹还是黑色型的美洲豹，都是优秀的狩猎者，任何难以抓捕的猎物都逃不过它的魔爪。它们会用尾巴钩住巨大的浅灰色的象鱼，或是用锋利的爪子刺穿凯门鳄坚硬的鳞片。只有大食蚁兽能够让美洲豹感到恐惧，因为大食蚁兽那强壮的爪能够对它造成致命的损伤。

豹猫是生活在公园里的另一种猫科动物，体形比美洲豹要小得多，它们是灌木丛中的精明猎手，常在树枝上小憩。除了这些动物，还有列入世界自然保护联盟（IUCN）的濒危物种红色名录的犰狳和巨獭。这里也有很多灵长目动物，全都属于卷尾猴科。在这里经常可以看见它们的“特技表演”——一只猴子用尾巴和爪子钩住悬挂着的树枝，掠过其下的河面。

当奥里诺科鳄和有眼镜状斑纹的凯门鳄出来寻找午餐时，对其他动物来说危险便降临了，即使是在陆地上也必须非常小心。在这里，水蚺有时会离开它们最擅长捕食的水域，或者可能出现在树上，它们蜷曲着壮观的腰身，身长能超过2.4米，从日落到夜幕降临的几小时里变得特别活跃。那随处可见的惊悚形状，具有强烈视觉冲击力的色彩，无疑令游客对这里着迷，以至于很难真正“看到”周围的东西。

P286 下右
从表面上看，你感觉不出有一只凯门鳄正在等待猎物。它没有一般鳄鱼那么大，所以猎捕的都是体形适中的猎物，其中以鱼和水鸟居多。

P286-287
从岩壁倾泻而下的水创造了无数种适合水生植物生存的环境。其间，苔藓和羊齿植物交织成一片优雅的绿色花园。

P287 上右
安赫尔瀑布的落差将近1000米。瀑布的名字是为了纪念20世纪30年代发现它的飞行员。当地的佩蒙人也称呼这座瀑布为“跳跃瀑布”。

P287 下
豹猫是最擅长爬树的动物，也是南美洲各种猫科动物中最有名的一种。之所以闻名，主要是因为它那带斑点的美丽毛皮，这也使得它成为狩猎的目标。

在一株凤梨的中央出现两只闪闪发光的小眼睛，那是一只黄黑相间的箭毒蛙在发出警告，过分鲜艳的颜色表明了它的毒性。而冠伞鸟却将展示同样艳丽的羽毛作为求偶的礼节，用以向雌鸟夸耀自己。在这里还可以听到另一种叽叽喳喳的声音，那是无数只五彩缤纷的鹦鹉发出的，而美洲红鹮和粉红琵鹭则显得相对安静。此外，还有非常奇异的麝雉——长着金色的头羽，和莫西干人有着相似的发型。它们已经非常适应此地的森林环境，其幼鸟的翅膀表面会长出小钩，以便在会飞之前爬到树上。

最后，值得特别一提的是，在这个独特的缤纷世界中，有一种巨嘴鸟，它身体的各部位看上去都不成比例，宛若幻想中的生物。此外还有蜂鸟、蝴蝶以及其他昆虫值得探寻，这些动物的数量最多，但都非常善于伪装，因此人们通常几乎看不见它们。如果想要体验别处无法体验到的多种多样的色彩、气味和感觉，那一定要去卡奈马国家公园。得益于与世隔绝的地理位置，卡奈马国家公园见证了独特的动植物进化历程，而很多物种只存在于卡奈马国家公园中。

Galápagos National Park

加拉帕戈斯群岛国家公园

厄瓜多尔

1535年，德贝兰加修士在沿着南美洲西海岸航行时，发现了一处看起来很荒凉的无人群岛。他只大概地记下了群岛的位置——约在赤道附近，距离大陆1000千米左右。后来，他撰写了一份关于这个群岛的简要报告，但西班牙国王甚至都懒得打开看。

这些岛屿最初被人们称为“被施了魔法的岛”，因为海上的浓雾遮蔽了视线，人们无法确定群岛的位置。17—18世纪，加拉帕戈斯群岛是英国海盗的避风港，其中有一位名为威廉·丹皮尔的海盗曾经描写道：“……这里有许多大海龟，鲜美的肉质甚至比鸡肉更可口……”彼时的“海龟群岛”（在西班牙语中Galápagos意为龟）似乎没有更多的价值，然而如今的加拉帕戈斯群岛已成为那些熟悉地球之美且通晓自然史的人们心目中最著名的圣地之一。

1835年，伟大的博物学家达尔文在拜访这个群岛

P288
在加拉帕戈斯群岛中的圣克里斯托瓦尔岛上，一群海狮正在休息。它们聚居的小海滩隐藏在多岩的海岸间，对于岛上的第一批探险者而言，并不十分引人注目。

P289 上
加拉帕戈斯象龟（*Chelonoidis nigra*）斑驳的外表和庞大的身躯使它们显得格外迷人。然而在曾经很长的一段时间内，人类只关心这种爬行动物的美味肉质。

P289 下左
为了吸引潜在配偶的注意力，一只雄性华丽军舰鸟展示着它那奇怪的肿胀的红色“气球”。这种鸟儿没有鲜艳的羽毛和美妙的歌喉，那是大海鸟才可以施展的功夫。

P289 下右
熔岩和锥形突起暗示了加拉帕戈斯群岛的火山起源。正如达尔文在旅行日记中所记载的那样，这些群岛在地质史上是较晚时形成的。

P290 上
一只小熔岩蜥蜴爬到一只海鬣蜥的头上，形成一幅有趣的画面。性情温和的海鬣蜥似乎并不觉得烦扰。

P290 下左
在加拉帕戈斯群岛上诸多的甲壳类动物中，红色的方蟹备受青睐。它们行动迅速，因而得了个俗名——“莎莉飞毛腿”。

P290 下右
像所有爬行动物习惯的那样，一只海鬣蜥在阳光下取暖。雄性海鬣蜥的颜色特别鲜艳，尤其是在群岛中的某些岛屿上。

P290-291
虽然陆鬣蜥的外表看着挺吓人，但它其实是一个温和的素食主义者，最爱吃的是仙人掌。这里的陆鬣蜥只有两个品种，它们之间的差异很小。

P291 下左
一只陆鬣蜥爬过黑色的火山岩。查尔斯·达尔文曾说过，这里的生物实在太多了，以至于想找个地方扎营都很困难。

P291 下右
海鬣蜥聚集在海岸上。它们身上的白色浮渣是盐分，那是它们在潜水寻找藻类时累积起来的。

的时候，发现这里有着众多独特的动植物，因而将这里作为自己研究生物进化机制的重要场所。达尔文的自然选择理论也在这里得到了完善，进而成为解开现代生物学奥秘的钥匙。在了解到群岛的起源后，达尔文就写下了这样一段话：“见到每一座高山上都有火山口，而熔岩流的棱线仍然清晰可辨，我们不得不相信，在不久之前的地质时期，海洋曾覆盖着这里的一切。”

加拉帕戈斯群岛国家公园成立于1959年，达尔文研究中心就设在圣克鲁斯岛上。研究中心在20世纪60年代早期就已开始了研究活动。现在，研究中心正积极地参与有关保护这座独特群岛的科学研究。2001年初，有一艘油轮在此遭遇海难，这座群岛也因此遭受了严重的污染威胁。

加拉帕戈斯群岛上处处可以看到火山对风景的影响。岛上最古老的岩石年龄也不超过500万年，与地球这颗行星的年龄相比实在微不足道。地面上凝固的黑色熔岩已成为先锋物种的聚居地，包括飞龙柱。然而，该地区的大部分区域，尤其是在海拔较低的、新近成形的熔岩流上，都是一片光秃秃的荒凉景象；但是，海拔较高的空气湿度较高，因此覆盖着真正的森林。

尽管如此，在海岸上还是有可能见到一些岛上典型的栖息动物，例如海鬣蜥。这些大型蜥蜴长达1米，成群结队地挤在海岸上。即便是达尔文也无法宣称这些动物很迷人，但加拉帕戈斯的海鬣蜥无疑是习性最为独特的大蜥蜴。它们以悬崖上和水底岩石上的藻类为食，而布满藻类的岩石有些沉在水深超过10米的地方。另外一种典型的海岸栖息动物是方蟹，因为它的移动速度非常快，所以又被叫作“莎莉飞毛腿”。这种甲壳类动物最明显的特征是鲜艳的红色外壳。

P292 上
一群引人注目的双髻鲨在群岛的水域中快速游动。海底世界的有趣程度丝毫不亚于陆地，但欣赏加拉帕戈斯群岛的海洋生物需要熟练的潜水技能。

P292 下
多样性的地理环境使得加拉帕戈斯群岛周围的海域同时生活着热带、温带和寒带物种。在此处潜水将收获许多惊喜，比如亲眼看见这一大群的鳐鱼。

这片土地上原生的动物通常都非常胆大，因为它们几乎是在一个没有掠食者的栖息地上进化而来的，所以它们允许其他生物近距离接触自己。早期西方殖民者引入的老鼠、狗、猫和山羊，已经威胁到了这里土生土长的动植物群。甚至到今天，这些外来物种还在给环境管理制造各种难题。

在加拉帕戈斯群岛的19座主要岛屿中，最大的是伊莎贝拉岛，或称阿尔伯马尔岛，岛上有5座主要的火山锥，其中就包括阿尔塞多火山。阿尔塞多火山是群岛上最壮美的景点之一，其火山口直径大约7千米，还有几处活跃的喷气孔。在这里，你也可以看到加拉帕戈斯象龟。这种庞大的爬行动物曾经数量众多，但却一度遭到人类的大量捕杀。水手们把象龟肉当作航船途中的新鲜肉类补给，还将非原生动物引入这个地域。

圣塔非岛，或称巴灵顿岛，是群岛的几大主要岛屿当中最小的一座，那里栖息着非常独特的巴灵顿岛陆鬣蜥（*Conolophus pallidus*）。和其他岛上的加拉帕戈斯陆鬣蜥不同，巴灵顿岛陆鬣蜥主要以植物为食，包括仙人掌果。在达尔文的时代，这些爬行动物的数量

非常多，当时的研究人员曾感叹道：“几乎不可能找到空地安置帐篷，因为地上的陆鬣蜥穴实在太多了。”

西摩岛只露出海平面一点点，是绝佳的观鸟地点之一。这里最常见的是华丽军舰鸟，黑色的雄鸟在求偶季节会鼓胀出鲜艳的红色皮肤。它们精湛的飞行技术极具观赏性，或许是因为翅膀特别细长，所以它们的轮廓在天空中异常醒目。另一种栖息在西摩岛的奇特鸟类是蓝脚鲣鸟加拉帕戈斯亚种，它求偶时会摆出很有趣的“舞姿”，展示它那双蓝色的蹼足。

P292-293
在水中，海狮充分展现了它敏捷的身手，那是它们最适宜的生存环境。它们的特技表演并不一定有明显的动机，常常只是纯粹的嬉闹而已。

P293 下
一只雄性海狮似乎专门为摄影师拍摄摆好了姿势。它们生性喜好交际和玩耍，可以说是加拉帕戈斯群岛上最活泼可爱的动物。

加拉帕戈斯群岛的气候也很特别。由于群岛位于赤道附近，人们习惯性地以为那里又热又潮湿，但是实际情形并非如此。在每年的某一时间段内，由于受到来自南极圈的洪堡洋流（也称秘鲁寒流）的影响，这里的水温会明显变低。在南半球的冬季，岛上的气温不会超过25℃，海拔较高的地方时常笼罩在浓雾当中。到了12月，来自北方的热气流势头强盛，随之而来的雨季会一直持续到次年5月。

南极圈对加拉帕戈斯群岛气候的影响同样也影响了岛上不同寻常的动物群，其中也包括企鹅。这些海鸟能出现在赤道地带当然不寻常，而且它们与秘鲁和智利海岸发现的企鹅物种类似。

这是一个极为脆弱的栖息地，这里的动物类群很容易受到生存的威胁，因此，拜访这里都要由加拉帕戈斯群岛国家公园的向导带领，而且安排的行程会比较长。

自1989年以来，保护区的范围继续扩大，已经涵盖了加拉帕戈斯海域，这片海域的海底风光并不亚于水面之上的岛屿景观。加拉帕戈斯群岛周边海域同时受到南极寒流和热带太平洋暖流的影响，它的那些色彩斑斓的海洋生物群是各种物种的奇妙混合。在加拉帕戈斯的海洋生物中有超过20%是这个群岛所特有的。让我们一起去拜访这异乎寻常的水底、水上双重世界吧！

P294-295
这是圣克鲁斯岛上的象龟。达尔文特别注意到了这些象龟与14种龟亚种之间的差异，根据观察，他推出了关于物种进化的重要结论。

Pantanal Matogrossense National Park

潘塔纳尔马托格罗索国家公园

巴西

P296
6个月的妊娠期过后，这只雌性大食蚁兽生下一个幼崽。新生的大食蚁兽会在母亲背上待很长一段时间，直到母亲再次怀孕的时候才会离开。

P297 上
雨季，巴拉圭河在巴西、巴拉圭和玻利维亚边境泛滥，这是洪泛区的辽阔平原。

P297 中
在纯种的南美洲生物中，最特别的一种植物就是王莲。它那巨大的浮叶直径超过90厘米，叶片非常坚固，足以荷载好几千克的重量。

P297 下
一只美洲豹正在植物丛中休息。这里是巴西的潘塔纳尔湿地。尽管美洲豹身躯庞大，但它照样可以轻轻松松地爬树。在河水泛滥最严重的时候，它会撤退到树上落脚长达数天之久。

南美洲大陆中部有一个非常特别的地方。浩瀚的巴拉圭河流经广袤的大地然后奔向大海，一路蜿蜒向前，无数次地变换方向，偶尔停顿下来，不确定要往哪里去，便形成了潘塔纳尔湿地。

人们通常认为湿地环境不利于健康，同时也很难探索，然而这样的自然环境之中却栖息着众多生物。这里是世界上最大的湿地，错综交织着迷离的草地、稀树草原和灌木丛，潘塔纳尔湿地中栖息着浩繁的生物物种，数量惊人。

然而，这片面积达25万平方千米的湿地区域，并不是永恒的死水王国。从每年10月到次年

4月的雨季里，巴拉圭河以及它的支流会流经这个大平原，那时候的水深会从几厘米到几米不等。地势较高的地面变成有植物覆盖的小岛，成为陆地动物的庇护所（颇像“诺亚方舟”），这些动物都是此地的特有物种。

奇怪的管状头部，一根长约24厘米、像蠕虫一样的舌头，强有力的爪连最坚实的土壤都能挖开，一条长满刚毛的大尾巴长达半米，这就是大食蚁兽的速写；只有在这里你才能一睹优雅的南美沼鹿的容貌，它的蹄可以分叉开来，各蹄瓣之间被一个薄膜连接在一起，保证自己能自由地在泥泞的土地上行走而不会沉没其中；巨大的貘四处漫游，用小长鼻子闻闻空气、抓取树叶，浑然不知在遥远的亚洲也有它的远亲。在某些原始部落的文化中，人们将美洲豹与掌管生命、力量和权力的神联系在一起，但美洲豹却不明白猎人为什么如此喜欢它那

P298 上
开花的凤眼莲是热带湿地中常见的植物。那膨胀的叶柄中充满了空气，使得它可以漂浮在水面上。

P298 上中
两只水豚在一大片热带水生植物凤眼莲中戏水。这些巨大的啮齿类动物经常成群结队地来到潮湿区域，有时候数量多达数十只。

带有斑纹的毛皮。虽然现在它仍需要跑相当的路程才可能遇见其他同类兄弟，但在这里它的安全感比几年前强多了。

广阔的湿地上栖息着许多水生动物，包括迷人但可怕的凯门鳄和大蟒蛇（当地人称之为“sucurì”）。就哺乳动物而言，有许多物种已经适应这里水陆交织的环境，如水豚，这是世界上最大的啮齿类动物，是一种尾巴高度退化、重量达50千克的巨型豚鼠。“如果这些动物也生活在水中，就意味着它们就像鱼一样，因此在斋戒期间也可以吃它们。”这可能是17世纪时，一些欧洲传教士根据动物的生活习性琢磨出来的变通做法。然而不管体形大小，水豚都是蟒蛇的猎物，蟒蛇不会轻易放弃，即使在遇到凯门鳄时也绝不松口。而就算是凯门鳄也不敢招惹小小的食人鱼。食人鱼的贪食是许多传奇故事中的主题，不过其中往往有夸大之处。

但在大自然中，往往是那些不怎么起眼的物种对于整个生态系统起到了决定性作用，在潘塔纳尔湿地中也同样如此。一些个头大但看似平淡无奇的福寿螺，其实是维系湿地生物之间关系链的一个基本环节。这种随处可见的大蜗牛不停地吞食植物，使得植物的生长维持在可控状态。如此一来，水便能顺畅地流动，湿地就不会被土壤填满。这些软体动物又是其他无数物种的重要营养来源，如裸颈鹳。在印第安人的语言中，裸颈鹳被称为“tuiuiu”，意思是“被风驱动的”。这种大鸟翼展达2.7米，是潘塔纳尔湿地的象征。

4月，降水逐渐变少，洪水开始消退，大地又恢复原样，河流、湖泊和池塘显露出正常状态下的轮廓。残余的水池渐渐消失，河道变得狭窄，大量的鱼群集中到狭小的水域。而在雨季，这些鱼群曾经遍布广大的湿地区域，动物们因此意识到将有丰富的食物供自己和幼崽食用，于是便开始了繁殖。在这里，你将看到树梢上站满了五彩缤纷的鸟类，数量众多，从远处看起来好似

P298 下中
由于体形逐渐进化变小，且长着一双蹼足，巨獭在水中也能像海豹一样展示敏捷的身手。巨獭的体重可以达到30千克，它们一般生活在南美洲的许多流速缓慢的河里。

P298 下
在潘塔纳尔湿地，水域和陆地的洪泛区之间没有明显的界线。巴拉圭河季节性地泛滥，不断地改变着环境的细节，形成相当独特的风景。

P298-299
凯门鳄虽然外形恐怖，但因为它的体形通常不会长得很大，所以一般不会危害到人类。比起湍急的河流，它还是更喜欢平静的池水。

P299 下
凯门鳄经常成群结队地聚集在最适宜享受阳光的地方。尽管凯门鳄因为它那身皮曾一度频遭猎杀，但是如今这些爬行动物仍然十分普遍。

树上开满了美丽的繁花。潘塔纳尔湿地拥有650多种鸟类，是鸟类学者公认的最壮观的鸟类群集地之一。这儿有不同种类的鹭、鸟喙特别突出的粉红琵鹭、世界上最大的鹦鹉紫蓝金刚鹦鹉，此外，鹮和鸬鹚等鸟类也都让人叹为观止。

“这里是一个极为广阔的区域，满是湖泊、湿地和无法穿越的茂密的芦苇丛，还有许多的凯门鳄、巨蟒、蚊子和其他危险的动物。”这是16世纪首批探索潘塔纳尔湿地的西班牙和葡萄牙探险家们给出的报告，称这是一片无法通行且极不友善的区域，但这一评价并未能阻止奴隶贩子和淘金者在17世纪对当地的印第安人，尤其是瓜托族人的灭绝。

到了19世纪，牧牛人发现潘塔纳尔湿地的广大草场非常适合放牧，于是便有了如今数以百万计的牛在这里游荡的场景，其中大部分是在这片广达1000平方千米的大牧场中走失的小牛。不过，如果仅仅是广泛地放牧而并不使用围栏来开发湿地的全部生产潜力，就不至于对生态系统造成特别严重的损害。

潘塔纳尔湿地主要位于巴西的马托格罗索州，其余部分则延伸至巴拉圭和玻利维亚境内。直到20世纪80年代，这片大自然的瑰宝才为人所知，它在巴西以不同寻常的方式一举成名：1990年，一部名为《潘塔纳尔》（*Pantanal*）的电视连续剧热播，讲述了一个关于当地牧场养牛家庭的生活与爱情故事。许多巴西人因此发现，原来自己的国家竟然还有如此原始且美丽的地方，而且至今仍然保存完好，没有遭受破坏。于是他们蜂拥而至，来这里探个究竟。从那时起，许多牧场主开始向游客收取居住费用，借此补贴他们的收入，这也让更多的人了解了这里。

每年从4月起直到10月初的旱季，是造访潘塔纳尔湿地的最好时期。此时天气炎热，不会下雨，游客可以选择乘坐吉普车、搭船或骑马到处逛逛，而且还有机会欣赏到动物群，尤其是这里的鸟类。但是如果你想看到繁花似锦的盛况，那就得等到雨季快结束时。

P300-301
在邻近地平线的炫目的阳光下，许多鸟类聚集在潘塔纳尔湿地的泛滥区。对白鹭来说，水中丰盛的鱼类是无法抵抗的诱惑。

P301 上
鸟类的繁殖季节从雨季结束的时候开始。在万里无云的天空下，裸颈鹳的巢显得格外醒目。这种大鸟是潘塔纳尔湿地的象征。

P301 下左
这是一只刚刚捕获猎物的大白鹭，它展开翅膀，显露出结构细致的羽毛。随时保持羽毛的整齐是这种鸟类的主要任务之一，这样才能确保高效飞行。

P301 下右
一只粉红琵鹭降落在一片聚集着白鹭的水池中，它那末端宽大的鸟喙显得非常奇特。这种鸟是这片湿地中最富有吸引力的动物之一。

潘塔纳尔马托格罗索国家公园成立于1981年，占地达1370平方千米，囊括了原有的卡拉卡拉生物保护区。它位于巴拉圭河与库亚巴河、圣洛伦索河的交汇处。尽管公园幅员辽阔，但它只是潘塔纳尔湿地的一小部分而已。另一座吉马良斯查帕达国家公园的成立，则是为了保护潘塔纳尔湿地周围美丽且重要的高原区域，也就是中央高原，这里是巴拉圭河许多支流的发源地。

尽管巴西宪法已明文规定把潘塔纳尔湿地列为需要保护的区域，但是鉴于这些年来潘塔纳尔所发生的严重事件，成立国家公园这一更为系统的保护措施似乎是必要的。最重大的一次事件发生于20世纪80年代末，阿根廷、巴西、玻利维亚、巴拉圭和乌拉圭曾共同推动一项计划，目的是在这片区域打通一条水路，以便大型船舶从南美洲大陆的中央直接航行到大西洋。那些担心潘塔纳尔湿地遭受毁灭的环保人士经过不懈努力，终于在1995年，迫使参与推动这项“交通”计划的国家开始重新反思他们的行为。

现在看来，危机似乎已经过去了，然而这次事件表明，即使是非常广袤的、看起来神圣不可侵犯的环境也一定要谨慎加以呵护。就像伟大的巴西诗人马诺埃尔 · 德巴罗斯说的那样：“潘塔纳尔湿地是不能用任何仪器去衡量的——它是无限的。”

Iguazú National Park

伊瓜苏国家公园

阿根廷　巴西

P302
伴着震耳欲聋的水声，植物不停地摇晃，将近150米的水流落差所产生的水汽折射出大片的彩虹，更凸显了此处景象的宏伟壮观。

P303
大瀑布的河道上镶嵌着许多被茂密植被覆盖的小岛，形成了有趣的生态系统。那些不同寻常的水生植物靠着吸盘式的结构承受强大的水流力量。

只有乘坐飞机，你才能欣赏到这处被誉为“世界最美边界”的全貌：伊瓜苏瀑布，或者可以更确切地称之为“激流瀑布群”。 在瓜拉尼语中，“伊瓜苏”的意思是“大水”。伊瓜苏河流域位于阿根廷和巴西边境附近，离巴拉圭不远，长约2600米。这条河发源于马尔山，随后流入险峻山坡之间的一条狭窄的小峡谷，最后进入巴拉那州，再往前几千米就是那壮美的瀑布景观了。

建立于1934年的伊瓜苏国家公园占地面积为 677 平方千米，抵达此处并非难事，每年都有大量游客光临此地，驻足、欣赏或陶醉于这座巨大的悬崖。这里的悬崖峭壁落差在50～80米，瀑布的大小取决于河流的流量大小，其主河道以超过70米的落差坠入 “魔鬼咽喉”。在雨季（事实上，这里年降水量约为2000毫米，分布相当均匀），这里的瀑布群高度能超过尼亚加拉大瀑布，宽度仅次于维多利亚瀑布，它看起来就像一堵延伸4800多米的银色泡沫墙壁，几千米外就能听得见瀑布声，水流撞击岩石之后折射出数千道美丽的彩虹。这一巨大的自然景观促使阿根廷和巴西承诺保护它和周围地区。1928年阿根廷建立了伊瓜苏国家公园，面积500平方千米，巴西也随后建立了面积1700平方千米的巴西伊瓜苏国家公园。

河流沿岸有一种十分有趣的植物混合带，巨大的玫瑰色的多脉白坚木与树荫下生长着的食用菜椰丛形成对比。菜椰的枝干又细又长（树干直径只有0.2米，但高度可达20米），树梢顶着个芽苞，这芽苞是一种很珍贵的食物，但如果把芽苞摘除就会导致树的死亡，这就是为什么在公园外的许多区域，这一物种因人类的贪欲而大量消失。

如果仔细观察河面，你会发现这里有无数濒临灭绝的物种。你或许能认得出正在捕食鱼类和甲壳类动物的巨獭、好奇的蹼足负鼠，还有褐秋沙鸭。蹼足负鼠是一种小型的有袋动物，非常擅长游泳。此外，须注意的一点是，即使宽吻凯门鳄一般只捕食小型猎物，但人们还是必须与它保持距离。尽管它更习惯于生活在沼泽中，但不代表它对植物丰盛的陆地环境有所顾忌。

举目四望，四周环绕着的巴拉纳森林似乎在拥抱并保护着伊瓜苏河和那壮观的大瀑布。大片大片的绿树苍翠欲滴，密不透风，每棵树的高度都在20～30米，不过偶尔也会有更高的橄榄树树冠窜出来。

鸟儿们在水面上盘旋着搜寻鱼类，华丽的彩蝶在游客周围翩翩起舞，好像在热情邀请人们进一步探索雨林。但2000多种维管植物纠缠在一起，以及十几米高的竹子形成的天然障碍，令游客们望而却步。而少数冒险成功的人会发现自己身处传说中的伊甸园，千种颜色环绕四周，凤梨属植物和各种各样的兰花争奇斗艳，还有十几种娇小而艳丽的蜂鸟、5种鸟喙巨大的巨嘴鸟，以及数不尽的两栖动物和爬行动物，色彩之斑斓令人瞠目结舌。在爬行动物中，特别值得一提的是有

P304
在洪水泛滥的季节里，伊瓜苏河的流量比位于加拿大和美国之间的著名的尼亚加拉大瀑布大7倍以上。

P304-305
位于巴西和阿根廷边境上的伊瓜苏瀑布是全世界最壮观的自然景观之一。它的附近分布着巴西大西洋森林硕果仅存的几条林带之一。

名的珊瑚蛇，它那艳丽的装束是危险的信号，它们拥有动物王国中毒性最强的毒液之一，不过，它亦有着温和的性情和非常小巧的嘴，从来不主动攻击人类。

在这片丛林中，南美貘可以找到丰盛的水果、花朵、芽苞和昆虫；而在树枝之间，负鼠、树栖食蚁兽和各种灵长类动物，包括卷尾猴和吼猴，则找到了它们的乐园。最后，在众多种类的蝙蝠当中，大赢家无疑是传奇性的吸血蝠，这里的食物对它而言简直是取之不尽；然而这种小型且几乎无害的动物，当然完全不知道人类会如何天马行空地想象它们的饮食习惯。

Los Glaciares National Park

阿根廷冰川国家公园

阿根廷

沙漠和孤耸的巴塔哥尼亚高原几乎打破了安第斯山脉的连贯性。在这片荒凉的高原上，雄伟的花岗岩巨石高耸而起，这便是富有传奇色彩的托罗峰（海拔3128米）和菲茨罗伊峰（海拔3359米）。菲茨罗伊峰终年被山口的云烟笼罩，长期以来被人们误以为是一座火山。

虽然海拔不过三四千米，但这些山脉是世界顶级登山者梦寐以求的目的地，并且被公认为地球上最难以征服的山脉，一般人对于它们只能望而却步。它们只在极少数的情况下被征服过，且登山者付出的代价高昂。菲茨罗伊峰直到1952年才被法国探险队首度登顶，而

P306
这是从卫星上看到的别德马湖全貌。它位于被冰封得透不过气的山峰之间，不是徒步高手很难登临此处。

P307 上
这是佩里托莫雷诺冰川奇美壮观的正面，它的一部分被浸没在阿根廷湖中。这是太平洋边上唯一未受衰退现象影响的冰川。

P307 下
菲茨罗伊峰，是为了纪念“在地球科学的范围内让南美洲海岸闻名于世”的船长而命名的。年轻的博物学家达尔文曾经搭乘由菲茨罗伊指挥的英国双桅帆船——“小猎犬”号到世界各地旅行。

登上托罗峰的则是意大利人切萨雷·马埃斯特里和奥地利人托尼·埃格，后者在下山途中不幸失去了宝贵的生命。攀登这些几乎垂直的山壁必须做足准备，其中不但面临种种技术上的困难，而且还受不利气候因素的影响，包括来自东部大西洋和来自西部太平洋的强烈气团之间的冲突，而这些因素确实会引起突如其来的、异常强烈的暴风雪。

自1937年以来，这两座传奇性的山脉一直是阿根廷冰川国家公园的一部分，该公园在1981年被联合国教科文组织列入《世界遗产名录》之中。公园面积达7269平方千米，区域内包括壮观的阿根廷湖和别德马湖，还包括著名的南巴塔哥尼亚冰原的大部分区域，这是在冰河时代覆盖着整个巴塔哥尼亚的广阔更新世冰盖的遗迹。这处冰原终年受到山脉最高峰上肆虐的暴风雪的滋养。

雄奇的托罗峰冰河位于数千年前就已被人们发现的山谷中。托罗峰由意大利人切萨雷·马埃斯特里和奥地利人托尼·埃格首度攀登成功，后者于下山途中不幸遇难。

这里的冰川靠近太平洋，由于终年降雪多且不间断，冰川得以维持稳定的状态。而在东边，因为平均气温持续升高且降雪量减少，冰川正日益消退，唯一的例外是广受欢迎的观光景点佩里托莫雷诺冰川。游客在这里设置的观景台可以俯瞰冰川前沿的壮观景色，那是从阿根廷湖的乳白色水面升起的一面巨大的白色冰壁。毋庸置疑，最好的营地当属卡拉法提，这是公园的主要入口。它就建在湖边，游客在这里可以感受到舒适宜人的局部气候，而且这里的旅游设施一应俱全，还有令人难忘的“客栈”。在那里你可以品尝到巴塔哥尼亚别具风味的特色美食，若要消磨夜晚时光，你还可以参加“玛黛茶会”（mate de yerba），所有参加茶会的人都要用同一个杯子喝完一种混合的草药饮料。

卡拉法提的名字取自于小檗，这是一种有刺灌木，能够结出耐寒的蓝色浆果（带有半苦半甜的味道）。根据特维尔切人代代相传的故事，古代有位印第安僧医，当他及他的族人还待在夏季猎场的时候，意外遭遇了早冬，整个族群开始迁移，僧医因行动缓慢而被族人抛弃。到了春天，候鸟迁徙归来时，见到这个老人仍然幸存，到了秋天，老人和鸟儿们分享了那些使他存活下来的浆果汁。打那时起，这些贪吃的鸟儿决定不再离开这个地方，而其他的鸟类为享受到小檗可口的果实至少也都会停留到第一场雪临近时才离开，现在这种植物已成了巴塔哥尼亚的象征。

宁静的天鹅湖中栖息着许多可爱的黑颈天鹅，以及常见的大红鹳和各种雁鸭。当8月来临，天鹅在水中小岛上栖息、筑巢，以藻类和无脊椎动物为主食。它们的羽毛别具特色：全身都是白色，只有脖子和头上是黑色的，而头部上方还有一撮苍白的王冠状羽毛，好似在强调它们的尊贵地位。它们还有一个火红的喙。

在阿根廷湖南岸陡峭的岩石和风化的山壁之间，瓜利乔洞穴有如敞露的天窗。在那些洞穴里，你可以欣赏巴塔哥尼亚的岩画，有抽象人物、几何图形和极具价值的凸版手印。虽然这里现在比不上平图拉斯河手洞有名，但实际上这是这里最早被发现的洞穴，并且记录了上一个冰河时代之后定居在巴塔哥尼亚的人类的相关讯息。进入这些地方感受远古的艺术家赋予的神圣感，欣赏数千年前遗留下来的色彩的瑰丽，无疑是一次激动人心的体验；这些岩画所使用的特殊技术只

在此处以及在阿尔及利亚的马格里比这两个地方发现过。

继续沿着阿根廷湖的南岸前行，我们将抵达班德拉码头，游湖的行程便从这里开始。游艇在冰山之间航行，逐渐接近佩里托莫雷诺冰川巨大的冰壁，冰壁的高度高出水面将近18米。冰块崩解跌落湖中发出的巨大响声，不由得令人想起炮声隆隆的战场。自从1947年（一说1917年）以来，这种曾令这座冰河闻名的自然景观在1988年以后再未重现[1]。每隔三四年，冰河就会往前推进，直到与对面的麦哲伦半岛相接，阻断布拉佐里科河的河道，形成一个冰坝。河水因此泛滥到山谷，直到水柱的压力（比正常水位高出约20米）足以造成冰坝崩塌为止[2]。

另一条激动人心的旅行路线当属造访麦哲伦半岛南方的罗卡湖。这是一趟全程约9千米的环湖旅程，足以让你充分感受阿根廷湖、布拉佐里科河和佩里托莫雷诺冰川的壮丽景观，更重要的是，你可以领略到这个地区各类不同生态栖息地的美丽。在生长着南青冈、矮南青冈、魁伟南青冈的丛林中漫步，粗壮的林木（高度超过35米，树干直径达2米）让人目不暇接，巴塔哥尼亚黑啄木鸟的啄木声不绝于耳，如果观察仔细，或许还能发现许多狐狸的踪迹。

在海拔更高处，小檗的矮树丛和开着艳丽红花的筒瓣花交织成一幅美景，还有几种野生兰花在苔藓、地衣和其他大片的植物之中若隐若现。在这里，你不难发现原驼，它们可以在远至冰河的斜坡上冒险，那里满地都是捕虫植物明脉香豌豆（*Lathyrus nervosus*），好似一片蓝色的地毯。当然，如果运气更好一点的话，你还可以遇到南美洲的小犰狳。

沿着别德马湖北岸的公路可以前往菲茨罗伊峰脚下的查尔登，只有徒步旅行爱好者会从这里进入公园。在这片迷人的森林里，美洲狮在追捕智利马驼鹿，秃鹰在天空中缓缓盘旋，山峰雄奇，冰河瑰丽，所有的一切都能证明，踏上这段路程所付出的努力显然获得了回报。

P309上和P309下
这是佩里托莫雷诺冰川的照片，从中可以看到背景中无垠的南巴塔哥尼亚冰原和冰山的冰壁崩落的情景。

1　此处可能是作者笔误，因为直到现在，佩里托莫雷诺冰川还时不时地崩塌，形成引人注目的自然现象，且可能是受气候变暖的影响，冰河崩塌的频率在上升。——译者注
2　这里描述的是1988年以前的情形，现在据说每隔20米左右冰河就会崩塌一次。

Torres del Paine National Park

百内国家公园

智利

清晨的第一缕阳光照亮了乡间，两只原驼在天蓝色的湖边追逐嬉戏，湖水倒映着帕伊内峰三座别具特色的山峰：最高的主角峰、东角峰和稍微低一点的北角峰。这是迎接游客的第一道风景，继续往东北前行，可以抵达萨缅托湖，平静的湖面宛如一块明亮的镜子，远远看去又如藏于黄绿色植物丛中的晶莹剔透的蓝宝石。远处就是百内三塔，国家公园就是以它们命名的，它们分别是：阿格斯提尼南岩峰、中岩峰和蒙齐诺北岩峰，海拔都在2500～3000米。

帕伊内峰（蓝角峰）和百内三塔好像是用来平衡第三个山脉群的。第三个山脉群的最高峰是海拔3200

P310
两只年轻的原驼随时对极细微的危险征兆保持高度警戒，它们不失时机地对摄影师“粲然一笑”。原驼是骆马的野生祖先。

P311 上
在南方破晓的阳光中，帕伊内峰好像近在眼前，你几乎可以触摸到它们，此时阳光还未照射到裴欧埃湖。

P311 下左
国家公园内的这条冰川，一直延伸到平戈湖，远远望去，它好像从云端升起。

P311 下右
一张特别清晰的菲茨罗伊峰的照片。菲茨罗伊峰顶通常笼罩在云雾中，以至于很长时间内它被误认为是一座火山。

多米的大百内峰，此外还有一座海拔约3000米的福塔莱萨山。这三个独立的山脉群形成大百内地块，是世界上最壮观的地形系统之一。这里有澎湃的河流、高山湖泊、水沫横飞的瀑布，最重要的是它还拥有独特的颜色组合。事实上，多半是在日出时，我们才能欣赏到灰蓝色的山体在光线变幻下逐渐变成紫色，并与山顶花岗岩反射的耀眼朱红色交相辉映。

这些色调是由复杂的地质构造所造就的：沉积岩的上层颜色较深，成因可以追溯到白垩纪时期，被沉积岩覆盖在下层的是花岗岩，大约形成于下三叠纪。在上个冰期，冰河侵蚀了整个沉积覆盖层超过900米的厚度，而今天，那些颜色暗沉的未被侵蚀的片岩与现存的浮出地表的花岗岩

形成了非常特殊的色彩对比。

智利政府在1925年首次发布法令，以保护这片位于安第斯山脉东麓和巴塔哥尼亚大草原间的广阔的区域，这里距离阿根廷冰川国家公园不到300千米。1959年百内国家公园正式成立，之后，意大利登山家圭多·蒙齐诺把他的土地百内河庄园捐赠出来，扩充了公园的面积。从自然的角度来看，这座目前面积超过2000平方千米的公园有其特殊的重要性，因此在1978年它被联合国教科文组织宣布为生物圈保护区。

百内河的河道很独特，是一个复杂的水道系统，融解的冰河和频繁的降雨为河道供给了水源。这条河发

P312-313
遍布智利高原的羽扇豆有着五彩缤纷的花朵，它那细长的花序好像是要模仿背景中有着细长外形的百内三塔。

P312 下
一只南鸺鹠（*Glaucidium nana*）隐藏在丛林底部，在薄暮的微光下，它准备开始夜晚的偷猎。

P313 上
这只巴塔哥尼亚灰狐狸要同时照顾4只幼狐！它的时间都花在喂食、监护、陪同玩耍和寻找食物上。

P313 中
大百内峰从晨曦中苏醒。大百内峰海拔高达3200多米，覆盖在终年不化的冰层之下，晨光下的它看起来十分梦幻。

源于迪克森冰川，而后变成迪克森湖，随着高度逐渐降低，又形成壮观的瀑布，如百内河瀑布。接着，百内河又依次流经几座壮丽而原始的湖泊，如百内湖、诺登舍尔德湖、裴欧埃湖和托罗湖，湖区构成了这个区域内最大的盆地之一。离开这个盆地之后，百内河更名为塞拉诺河，且汇集了水源来自同名冰河的格雷河的湍流，最后流入乌尔蒂马-埃斯佩兰萨湾。

多山的地势、广阔的湖泊和冰川主导着这片土地的气候，呈现出显著的气候变化。在百内湖附近，秋天多雾而夏天温度高达30℃；在托罗湖，夏季的季风强劲但气温相对适中；在格雷湖，无论冬夏气温都在－4℃左右。最终，不同区域孕育出了不同的植物群。在海拔较低的地方，巴塔哥尼亚大草原与安第斯山脉那耐旱的灌木丛交替生长。灌木生长在以禾草为主的茂密的草场中，往往都是带刺的，如茵雀豆、马鞭草和小檗等。鲜亮的颜色装点着一年四季，金色的禾草丛中遍布似锦的繁花，如待宵草、堇菜、报春花以及令人惊艳的野兰花等。

在百内国家公园里，你能经常看到整个原驼家族，它们在公园里拥有足够的空间以进行季节性迁移。小美洲鸵的亮相频率也不输于原驼，它不会飞，外表类似鸵鸟，高度可达1.5米。原驼属于骆驼科（家养骆驼就是人类从中挑选驯养成功的），它们长着厚实且柔软的毛，是从秘鲁安第斯山脉迁徙到火地岛的唯一大型食草动物。几千年来原驼一直是当地传统民族的主要资源，它们的肉被当作食物，兽皮和羊毛被用来做衣服和建造庇护所，它的筋腱被用于制作粗绳，骨头则被加工成工具和武器。

在历史上，这些区域曾被特维尔切人当作

P313 下
安第斯山脉秃鹰翱翔在夜空中，虽然身躯庞大，但它飞得并不辛苦。作为这片陆地的王者，秃鹰擅长利用风和气流的动力，以减少振翅的频率。

前景中，阿密兰提山有着巨大的山体，好似欲阻挡云层的通过，它将云团改装成一顶结实的无边帽，献给背景中隐约可见的百内三塔。

夏季猎场，从此处的地名中便可看出些端倪，如“百内”，它的意思是“蓝色”，表示与大量的水有关，其中之一是阿马尔加湖，暗示在那里发现了红鹳的栖息地。整个咸水湖的湖岸环绕着一圈发白的沉积物，那也是湖的界线，是由高浓度的矿物盐沉积而成，湖水的味道咸到发苦。

在这里或其他湿地区域，你也能看到许多来自麦哲伦海峡的候鸟——一些雁鸭以及黄颈鹮（*Theristicus caudatus*）。黄颈鹮是一种奇怪的鹮，专吃无脊椎动物和植物。这里也栖息着其他鸭科动物，如黑白斑胸鸭和一些小型叫鸭。另一种十分引人注目的动物是尖脸的达尔文蛙，这种蛙的雄蛙会照顾雌蛙生下来的卵，当胚胎开始蠕动的时候，雄蛙会放置一些卵在它们自己的发声囊内，在完成变态发育之前，这些小家伙会一直留在里面。

在土壤水分保持良好的区域中，山坡上生长着落叶性的麦哲伦森林。这里占压倒性优势的植物是矮南青冈，到秋天它那微红的树叶显得格外壮丽。穿过森林的环山步道是从格雷湖起始的。冰川崩落的冰块搁浅在湖岸上，游客可以乘坐有三个并列船身的特制游艇接近那座20米高的银蓝色的冰壁。如果你仔细观察，可能会看到一些智利蜂鸟敏捷地穿梭在树枝间，这种鸟可飞到1500米的高度。

海拔较高之处是麦哲伦苔原，原本的灌木逐渐被苔藓（以泥炭藓为主）和地衣取代。你能见到小型的茅膏菜属植物，这是一种捕虫植物，在欧洲也有分布。此外，你还能时不时地看见猛禽矫健的身姿或搭建的巢穴，如雀鹰，以及安第斯山脉天空无可争议的统治者——美洲鹫。美洲鹫是一种出色的滑翔者，翼展达2.7米，它们在几千米以外就能闻到腐尸的气味，但偶尔也会袭击家畜。这种贪婪的猛禽一天可吃5～7千克的肉，有时甚至会吃得撑到飞不起来！

地理名词中外对照表

Geographical names in Chinese and foreign language

A

阿比斯库索洛岛 Abiskosuolo

阿比斯库雅卡河 Abiskojåkka river

阿布鲁佐 Abruzzo

阿布萨罗卡岭 Absaroka mountain chain

阿察瀑布 Salto del Hacha

阿达梅洛山公园 Adamello Park

阿尔卑斯山脉 Alps

阿尔伯马尔岛 Albemarle

阿尔及利亚 Algeria

阿尔塞多火山 Alcedo

阿尔斯沃特湖 Ullswater

阿尔塔高地 Tierras Altas

阿尔塔山脉 Sierra Alta

阿格斯提尼南岩峰 Torre Sur De Agostini

阿根廷湖 Argentino Lake

阿空加瓜火山 Mount Aconcagua

阿奎里厄特高原 Aquarius Plateau

阿拉斯加山脉 Alaska Mountain Range

阿拉瓦利岭 Ar ā valli

阿留申半岛 Aleutian Peninsula

阿马迪厄斯盆地 Amadeus Basin

阿马尔加湖 Amarga

阿玛达布朗峰 Ama Dablam

阿密兰提山 Mount Almirante

阿姆鲁姆岛 Amrum

阿纳姆地 Arnhem

阿萨巴斯卡瀑布 Athabasca Falls

阿斯托夫岛 Astove Island

阿特拉斯山脉 Atlas Mountains

阿沃布干河 Auob

阿西尼博因山省立公园 Mount Assiniboine Provincial Park

埃格蒙特山 Mount Egmont

埃姆斯河 Ems

埃托沙盐田 Etosha Salt Pan

艾伯塔省 Alberta

艾尔斯巨石 Ayers Rock

艾瓜勒山 Mount Aigoual

安达卢西亚 Andalusia

安大略湖 Ontario Lake

安的列斯群岛 Antilles

安第斯山脉 Andes Mountains

安赫尔瀑布 Ángel，Salto del

安托法亚火山 Antofalla Volcán

盎格鲁地区 Land of the Angles

奥杜瓦伊峡谷 Olduvai Gorge

奥尔巴尔水池 Ol Balbal pool

奥尔科谷 Valle dell'Orco

奥基乔比湖 Lake Okeechobee

奥卡万戈河 Okavango

奥考奎约营地 Okaukeujo

奥克瑟斯瞭望台 Oxers Lookout

奥兰治河 Orange River

奥里诺科河 Orinoco River

奥里诺科平原 Orinoco

奥林匹克国家公园 Olympic National Park

奥斯塔山谷 Valle d'Aosta

奥扬特普伊山 Auyan-Tepui

澳大利亚山脉 Australian Alps

B

巴芬湾 Baffin Bay

巴高岛 Bagaud Island

巴拉圭河 Paraguay River

巴拉那州 Paraná

巴拉纳森林 Paranaense Forest

巴灵顿岛 Barrington

巴塔哥尼亚 Patagonia

白根山 Shirane

白崖 White Cliff

百内河瀑布 Cascada del Rio Paine
百内河庄园 Estansia Rio Paine
帕伊内峰 Cuernos del Paine
百内三塔 Torres del Paine
拜恩林山 Bayerische Forest
班德拉码头 Puerto Bandera
半圆顶山 Half Dome
北方邦 Uttar Pradesh
北角峰 Cuerno Norte
北领地 Northern Territory
贝尔尼纳山 Bernina
比利牛斯山脉 Pyrenees
比马 Bima
别德马湖 Viedma Lake
冰川点 Glacier Point
冰原大道 Icefields Parkway
波弗特海 Beaufort Sea
波克罗勒岛 Porquerolles
波利尼西亚 Polynesia
波希米亚林山 Bohemian Forest
博戈里亚湖 Lake Bogoria
博泰蒂河 Boteti
布拉佐里科河 Brazo Rico
布莱克里戈 Blake Rigg
布赖斯峡谷 Bryce Canyon
布兰卡山脉 Cordillera Blanca
布里斯班 Brisbane
布鲁斯山 Mount Bruce

C

采尔内茨 Zernez
查波德保护区 Chabod Refuge
长角羚国家公园 Gemsbok National Park
城堡喷泉 Castle

D

达尔斯峡谷 Dales Gorge
达尔文市 Darwin
大百内峰 Cerro Paine Grande
大堡礁 Great Barrier Reef
大岛 Big Island
大盖博山 Great Gable
大教堂岩 Cathedral Rocks
大阶梯 Grand Staircase
大卡斯山 Grande Casse
大拉赫尔峰 Grosser Rachel Peak
大瓦士崖 Grand Wash Cliffs
大盐湖 Great Salt Lake
岛峰冰川 Imja
德雷塞尔 Dreissel
地狱谷 Jigokudani
的的喀喀湖 Titicaca Lake
狄克森冰川 Dickson Glacier
狄克森湖 Dickson Lake
迪卡拉游客中心 Dhikala
迪纳利山 Mount Denali
东阿利盖特河 East Alligator
东非大裂谷 Rift Valley
东弗里西亚群岛 East Frisian Islands
东角峰 Cuerno Este
杜德柯西河 Dudh Khosi River
多瑙河 Danube

E

恩杜图湖 Ndutu Lake
恩戈罗恩戈罗火山口 Ngorongoro
恩加丁 Engadin
恩喀宗巴冰川 Ngozumba
恩帕夫伊湖 Empakaai
恩朱亚峰 Njulla

F

法国中央高原 Massif Central
菲茨罗伊峰 Mount Fitz Roy
斐济群岛 Fiji Islands
翡翠池 Emerald Pool
粉红崖 Pink Cliff
弗德台地 La Mesa Verde
弗洛勒斯岛 Flores Pulau
佛罗里达湾 Florida Bay
福奇诺高原 Piana del Fucino
福塔莱萨山 Cerro Fortaleza
富士山 Fuji-san

G

盖亚内地盾 Escudo Guayanés
高塔特拉山脉 High Tatras
哥伦比亚冰原 Columbia Ice Field
哥斯达黎加 Costa Rica
鸽舍 Dove Cottage
格尔拉赫峰 Gerlachovsky Stit
格兰特尔岛 Grande Terre
格劳宾登州 Grisons
格雷河 Grey River
格雷索内 Gressoney
格林山脉 Green Mountains
格鲁梅蒂河 Grumeti
格伦代恩森林 Glencoyne Forest
贡贝河 Gombe
谷川岳 Tanigawa
瓜达尔基维尔河 Guadalquivir
瓜迪亚马尔河 Rio Guadiamar
瓜利乔洞穴 Cuevasdel Gualicho
圭亚那高原 Guiana Highlands

H

哈得孙湾 Hudson Bay

哈默斯利山脉 Hamersley Mountain

海里国家公园 Hailey National Park

汉堡 Hamburg

汉伯省立公园 Mount Humber Provincial Park

汉科克峡谷 Hancock Gorge

豪斯湖 Tarn Hows

河滨喷泉 Riverside

赫贝特小屋 Herbetet

赫伯特湖 Herbert Lake

黑姬山 Mount Kurohime

恒河 Ganga River

红杉国家公园 Sequoia National Park

怀俄明州 Wyoming

皇家班迪亚国家公园 Royal Bardia National Park

黄金城 El Dorado

黄石河 Yellowstone River

黄石湖 Yellowstone Lake

黄水河 Yellow Water

灰崖 Gray Cliff

毁灭之路 Devastation Trail

惠特尼山 Mount Whitney

火地岛 Tierra del Fuego

火洞河 Firehole Rive

J

基博峰 Kibo

基拉韦厄火山 Volcano Kilauea

基律纳 Kiruna

吉马良斯查帕达国家公园 Chapada dos Guimaraes

吉普卡・普欧鲁 Kipuka Puaulu

加的斯 Cadiz

加尔各答 Calcutta

加拉纳河 Galana

加勒比海 Caribbean

加里曼丹岛 Kalimantan

加利福尼亚湾 Salsipuedes Basin

加洛水库 Lago del Gallo

江嘎勒 Jangal

焦峰火山 Focal Peak Volcano

巨石阵 Stonehenge

K

喀尔巴阡山脉 Carpathian Mountains

喀斯高地 Causses

卡拉法提瞭望台 El Calafate

卡拉哈迪沙漠 Kalahari Desert

卡拉加尔镇 Kalagarh

卡拉卡拉生物保留区 Cara Cara

卡拉帕塔峰 Kala Pattar

卡里辛比火山 Volcan Karisimbi

卡罗尼河 Rio Carrao

卡莫霞拉山区 Camosciara

卡农丘地区 Canon Hill

卡帕多西亚 Cappadocia

卡斯尔里格石阵 Castlerigg Stone

凯巴布高原 Kaibab Plateau

凯西克 Keswick

坎达山脉 Kanda

科积峰 Causey Pike

科科岛 Isla del Coco

科罗拉多大峡谷 Colorado Grand Canyon

科罗拉多河 Colorado River

科莫多岛 Komodo

科涅 Cogne

科斯莫莱多环礁 Cosmoledos

科托德多尼亚那 Coto de Doñana

克拉莫克湖 Crummock Water

克罗港岛 Port-Cros

克罗克迪尔河 Crocodile

库克山 Mount Cook

库特内国家公园 Kootenay National Park

库亚巴河 Cuiabá

昆布冰川 Khumbu

L

拉布蒂河 Rāpt ī

拉丁姆 Latium

拉赫尔湖 Lake Rachel

拉贾斯坦邦 Rajasthan

拉姆根加国家公园 Ramganga National Park

拉姆根加河 Ramganga

拉普拉塔平原 La Plata，Planicie de

拉普兰 Lapland

拉斯马里斯马斯沼泽 Las Marismas

拉榭拉山 Munt la Schera

莱邦博山脉 Lebombo Mountains

莱达尔 Rydal

莱托里地区 Laetoli

兰加努科湖 Lake Llanganuco

朗喀巴冰川 Nangpa

老忠实喷泉 Old Faithful

勒旺岛 Levant

雷德峡谷 Red Gorge

里维埃拉海岸 French Riviera

利尼扬蒂沼泽 Linyanti

利斯津 Lees Ferry
利维尼奥山谷 Livigno Valley
列凡杜港 Levandou
林波波河 Limpopo
林卡岛 Rinca
灵感观景点 Inspiration Point
龙目岛 Lombok
卢加德瀑布 Lugard Falls
鲁阿哈国家公园 Ruaha National Park
鲁河 Reu
路易丝湖 Louise Lake
伦盖火山 Oldoinyo Lengai
罗布森山省立公园 Mount Robson Provincial Park
罗卡湖 Lago Roca
罗威尔德 Lowveld
洛泽尔山 Mount Lozère
洛子峰 Lhotse
落基山脉 Rocky Mountains

M

马埃岛 Mahé Island
马巴贝洼地 Mababe Depression
马恩岛 Isle of Man
马尔莫雷瀑布 Marmore Waterfall
马尔山 Serra do Mar
马格里比 Maghreb
马加迪湖 Magadi Lake
马卡迪卡迪盐沼 Makgadikgadi Pan
马卡干高原 Markagunt Plateau
马卡里山脉 Makari Mountains
马拉河 Mara
马兰达尔角 Punta de Malandar
马里波萨丛林 Mariposa Grove
马里亚纳群岛 Marianas
马默斯温泉 Mammoth Hot Spring
马绍尔群岛 Marshall Islands
马塔开亚 Matakea
马塔拉斯卡尼亚镇 Matalascañas
马托格罗索州 Mato Grosso
马文济峰 Mawenzi
马翁镇 Maun
马西卡山脉 Marsican
玛琳湖 Lake Maligne
玛琳峡谷 Maligne Canyon
麦克弗森山脉 McPherson Mountains
麦哲伦半岛 Magellan Peninsula
麦哲伦海峡 Strait of Magellan
曼杜夕湖 Mandusi Lake
曼诺洞穴 Cuevas de las Manos
芒加莱 Manggarai
冒纳罗亚火山 Mauna Loa
梅默尔特岛 Memmert Island
美哈利山 Mount Meharry
美拉尼西亚群岛 Melanesia
蒙彼利埃 Montpellier
蒙大拿州 Montana
蒙纳斯特罗山谷 Val Monastero
蒙齐诺北岩峰 Torre Norte Monzino
蒙齐诺中岩峰 Torre Central Monzino
梦莲湖 Lake Moraine
米勒湖 Lake Mirror
米翁博热带森林 Miombo
密克罗尼西亚群岛 Micronesia
密斯塔亚峡谷 Mistaya Canyon
密苏里河 Missouri River
密西西比河 Mississippi River
密歇根湖 Michigan Lake
面纱瀑布 Bridalveil Falls
明尼万卡湖 Minnewanka
摩拉基岩石 Moeraki
摩鲁小丘 Moru kopje
魔鬼咽喉 Gargana del Diablo
莫利塞 Molise
莫桑比克 Mozambique
墨西哥湾 Campeche Bank
默塞德河 Merced River
姆济马喷泉区 Mzima Springs
木丹达岩层 Mudanda Rock
穆巴拉盖提河 Mbalageti
穆罕默德角 Ras Mohammed

N

拿笃 Lahad Datu
纳尔维克 Narvik
纳库鲁国家公园 Nakuru National Park
纳穆托尼堡 Namutoni
南阿尔卑斯山 Southern Alps
南阿利盖特河 South Alligator
南巴塔哥尼亚冰原 Hielo Patagonico Continental Sur
南岛 South Island
南缘 South Rim
楠达德维山 Nanda Devi
内华达山脉 Sierra Nevada
尼豪岛 Niihau
尼罗河 Nile River
尼亚加拉大瀑布 Niagara Falls
努布策山 Nuptse
诺登舍尔德湖 Nordenskild
诺兰基巨岩 Nourlangie Rock

诺索布干河 Nossob River
诺伊韦克岛 Neuwerk

O

欧加斯山 Mount Olgas

P

帕达尔岛 Padar
帕丹湖 Padam Talao
帕里亚河 Paria River
帕里亚山谷 Paria Valley
帕特潘尼 Paterpani
帕特森山 Mount Patterson
派恩格雷湖 Lake Pine Glades
潘帕斯 Pampas
潘塔纳尔湿地 Pantanal
旁波切 Pangboche
裴欧埃湖 Pehoé
佩里托莫雷诺冰川 Perito Moreno Glacier
佩斯卡塞罗利 Pescasseroli
皮尔巴拉地区 Pilbara
皮耶蒙特谷 Piedmont
平戈湖 Pingo Lake
婆罗多布尔 Bharatpur
婆罗洲（加里曼丹岛）Borneo
普莫里山 Mount Pumori
普欧火山 Pu'u o'o Crater

Q

奇夫岛 Chief's Island
乞力马扎罗山 Kilimanjaro
汽船喷泉 Steamboat
牵牛花池 Morning Glory Pool
浅间山 Asama
乔贝河 Chobe River
酋长岩 El Capitan

R

瑞姆斯谷 Valle di Rhemes

S

撒哈拉沙漠 Sahara
萨比河 Sabie River
萨比尼奥火山 Sabinyo
萨加玛塔峰 Sagarmatha
萨缅托湖 Sarmiento
萨摩亚群岛 Samoa Islands
萨斯喀彻河 Saskatchewan River
萨维奇河 Savage River
塞加马河 Segama
塞拉多草原 Cerrados
塞拉诺河 Rio Serrano
塞伦盖蒂平原 Serengeti Plain
塞舌尔 Seychelles
塞维利亚高原 Sevier Plateau
塞文山脉 Cévennes
桑给巴尔岛 Zanzibar
桑瓦普塔瀑布 Sunwapta Falls
沙巴州 Sabah
沙捞越州 Sarawak
沙姆沙伊赫 Sharm el Sheikh
圣克里斯托瓦尔岛 San Cristobal
圣克鲁斯岛 Santa Cruz
圣劳伦斯河 St. Lawrence
圣母岛 Assunzione
圣塔非岛 Santa Fe
十峰谷 Ten Peaks Valley
石勒苏益格-荷尔斯泰因州 Schleswig-Holstein
双子瀑布 Twin Falls
斯堪的纳维亚山脉 Scandinavian Mountains
斯科费尔峰 Scafell Pike
斯诺登山 Snowdon
斯皮里特岛 Spirit Island
斯泰尔维奥公园 Stelvio Park
松巴哇岛 Sumbawa
苏必利尔湖 Superior Lake
苏门答腊岛 Sumatra
苏伊士湾 Gulf of Suez
索阿纳谷 Val Soana
索诺拉沙漠 Sonoran Desert

T

塔朗吉尔公园 Tarangire Park
塔斯马尼亚岛 Tasmania
塔斯曼冰川 Tasman Glacier
塔斯曼河 Tasman
塔斯曼山 Mount Tasman
塔特拉山 Tatra Mountains
塔特兰斯卡 · 鲁穆尼卡 Tatranská Lomnica
塔希提岛 Tahiti
坦噶尼喀湖 Tanganyika
汤坡崎山 Tengboche
特威德盾火山 Tweed Shield Volcano
鹈鹕谷 Pelican Valley
天鹅湖 Laguna de los Cisnes
廷巴瓦堤河 Timbavati
图奥勒米草甸 Tuolumne Meadow
托尔伯特湖 Talbot Lake
托罗峰 Gery Torre
托罗湖 Toro

托讷湖 Torneträsk

W

瓦尔萨瓦兰凯谷 Valsavaranche
瓦莱达奥斯塔地区 Valle d'Aosta
瓦农泰谷 Valnontey
瓦斯卡兰山 Huascarán
威尔德曼河 Wildman
威尔士 Wales
威诺峡谷 Weano Gorge
威特努姆 Wittenoom
韦伯河 Weber
韦尔瓦省 Huelva
韦利诺河 Velino
维多·伊曼纽二世保护区 Vittorio Emanuele II Refuge
维多利亚冰川 Victoria Glacier
维多利亚湖 Lake Victoria
维多利亚瀑布 Victoria Falls
维卡斯涅纳洞穴区 Wielka Sniezna
维龙加山脉 Virunga Mountains
温德米尔湖 Windermere Lake
温克奇纳群峰 Wenkchemna Peaks
乌比尔 Ubirr
乌尔蒂马-埃斯佩兰萨湾 Seno Ultima Esperanza
乌卢鲁巨石 Uluru
乌戎库隆国家公园 Ujung Kulon National Park
伍德布法罗国家公园 Wood Buffalo National Park

X

西阿利盖特河 West Alligato
西部国家公园 Westland National Park
西摩岛 Seymour
西奈半岛 Sinai Peninsula
西塔特拉山 Western Tatras
西瓦利克山脉 Siwalick Hills
希格拉潟湖 Xigera Lagoon
希萨河 Sisha
喜马拉雅山脉 Himalayas
下瀑布 Lower Waterfall
夏弗隆峰 Ciarforon Peak
夏坦湾 Chatam Bay
象河 Olifants River
肖肖尼岭 Shoshone range
新赫布里底群岛 New Hebrides
新几内亚岛 New Guinea
新墨西哥州 New Mexico
新西兰岛 New Zealand
休伦湖 Huron Lake
叙尔特岛 Sylt

Y

亚喀巴湾 Gulf of Aqaba
亚马孙平原 Amazon
亚平宁山脉 Apennines
亚塔高原 Yatta Plateau
耶尔群岛 Hyères
耶利哥 Jericho
野牛围场 Buffalo Paddock
伊比利亚半岛 Ibérian Peninsula
伊迪斯·卡韦尔山 Mount Edith Cavell Peak
伊顿佐山丘 Itonjo hills
伊格勒夏斯山 Cerro Iglesias
伊瓜苏河 Iguazú River
伊瓜苏瀑布 Iguazu Falls
伊利湖 Erie Lake
伊莎贝拉岛 Isabela Island
艺术家观景点 Artist Point
易北河 Elbe
因河 Inn
因陀罗 Indra
隐士旅馆 Hotel Hermitage
犹拉腊小镇 Yulara
犹他州 Utah
育空 Yukon
圆形剧场 Amphitheater
圆柱喷泉 Echinus
约翰斯顿峡谷 Johnston Canyon
约霍国家公园 Yoho National Park
约塞米蒂湖 Yosemite Lake
约塞米蒂瀑布 Yosemite Falls
约塞米蒂山谷 Yosemite Valley

Z

赞比西河 Zambezi River
扎科帕内 Zakopane
札夫尔峡谷 Joffre Gorge
长野县 Nagano
爪哇岛 Java
志贺高原 Shika Plateau
朱红崖 Vermilion Cliff
珠穆朗玛峰 Qomolangma Feng
主角峰 Cuerno Principal
卓奥友峰 Cho Oyu
佐姬玛哈 Jogi Mahal

人名中外对照表

People's names in Chinese and foreign language

A

阿多尼斯 Adonis

阿曼德 · 大卫 Armand David

埃德蒙 · 希拉里爵士 Sir Edmund Hillary

艾比尼瑟 · 布赖斯 Ebenezer Bryce

奥德恭 Aldegon

奥古斯都 · 吉斯勒 August Gissler

B

班尼特 · 格雷姆 Bennett Graham

保罗 · 克鲁格 Stephanus Johannes Paulus Kruger

贝利 T. C. Bailey

贝尼托 · 贝尼托 Benito Bonito

彼得 · 希拉里 Peter Hillary

毕翠克丝·波特 Beatrix Potter

波塞冬 Poseidon

C

查尔斯 · 达尔文 Charles Darwin

查尔斯 · 谢尔登 Charles Sheldon

D

大卫 · 利文斯通 David Livingstone

黛安 · 佛西 Diane Fossey

德贝兰加 Fray Tomás de Berlanga

E

厄内斯特 · 吉尔斯 Ernest Giles

F

冯 · 林德奎斯特 Von Lindequist

G

格兰特 Grant

格林 W. S. Green

格日梅克 Grzimek

葛雷姆 · 丁格尔 Graeme Dingle

圭多 · 蒙齐诺 Guido Monzino

H

哈里 · S. 杜鲁门 Harry S. Truman

哈里 · 卡斯滕斯 Harry Karstens

亨利 · 艾尔斯 Sir Henry Ayers

亨利 · 摩顿 · 斯坦利 H.M.Stanley

胡安 · 卡威萨 Juan Cabezas

J

吉米 · 卡特 Jimmy Carter

吉姆 · 科比特 Jim Corbett

杰克 · 克拉克 Jack Clarke

K

卡罗尔 · 沃伊蒂瓦（教皇若望 · 保禄二世） Karol Wojtyla

卡美哈美哈国王 Kamehameha

克里斯托弗 · 哥伦布 Christopher Columbus

库里乌斯 · 登塔图斯 Curius Dentatus

L

拉明顿勋爵 Lord Lamington

雷纳多 · 卡札洛托 Renato Casarotto

理查德 · 欧文 Richard Owen

路易斯 · 利基 Louis Leakey

罗伯特 · 斯蒂文森 Robert Stevenson

罗伯兹 G. J. Roberts

罗勃特 · 柯林斯 Robert Collins

M

马尔科姆 · 海里 Malcolm Hailey

马亨德拉 Mahendra

马诺埃尔 · 德巴罗斯 Manoel de Barros

马塞尔 · 亨利 Marcel Henry

麦迪纳西多尼亚公爵夫人 Medinasidonia

N

娜玛卡女神 Namaka

尼科莱 · 米哈伊洛维奇 · 普尔热瓦斯基 Nikolay Mikhaylovich Przhevalsky

P

佩蕾女神 Pele

皮德蒙特王国 Kingdom of Piedmont

Q

乔治 · 葛拉汉 George Graham

切萨雷 · 马埃斯特里 Cesare Maestri

S

塞缪尔 · 泰勒 · 柯勒律治 Samuel Taylor Coleridge

史多克斯船长 Captain Stokes

斯文 · 赫定 Sven Hedin

T

汤姆 · 费弗 Tom Fyfe

提赛稚可 Tesaiyac

托马斯 · 德昆西 Samuel Taylor Coleridge

托马斯 · 赫胥黎 Thomas Huxley

托尼 · 埃格 Toni Egger

W

瓦斯科 · 达 · 伽马 Vasco da Gama

威廉 · 丹皮尔 William Dampier

威廉 · 戈斯 William Gosse

威廉 · 华兹华斯 William Wordsworth

维多 · 伊曼纽二世 King Victor Emanuel II

维多 · 伊曼纽三世 Victor Emanuel III

伍德罗 · 威尔逊 Woodrow Wilson

Y

雅克 · 库斯托 Jacques Cousteau

亚伯拉罕 · 林肯 Abraham Lincon

英迪拉 · 甘地夫人 Indira Gandhi

约翰 · 卡拉比 John Calaby

约翰 · 寇特 John Colter

约翰 · 卫斯理 · 波威尔 John Wesley Powell

约瑟夫 · 胡克 Joseph Hooker

约瑟夫 · 朱姆斯坦 Joseph Zumstein

Z

斋浦尔王公 Jaipur

詹姆斯 · 库克 James Cook

珍 · 古道尔 Jane Goodall

作者名录

邱皓 16~33

Angela S. Ildos 10~13, 58~75, 84~87, 94~97, 108~111, 124~127, 178~185, 234~239, 280~283

Giorgio G. Bardelli 54~57, 80~83, 88~91, 102~105, 112~123, 128~133, 170~177, 288~301

Cristina M. Banfi 34~53, 98~101, 106~107, 166~169, 190~195

Cristina Peraboni 186~189, 196~231, 246~273

Rita M. Schiavo 76~79, 134~165, 240~245, 274~279, 284~287, 302~315

Ilaria S. Guaraldi Vinassa De Regny 1~3

供图说明

以下为部分图片来源，其余（含地图）为原书插图

陈建伟 26下右

达志 102左

邓建新 22, 26下左

董磊 19下, 20下左, 20下右, 30右

谷宝臣 28左, 28右, 28-29, 29左, 29右

黄海 32左, 32右

李稔 20上

彭建生 16, 18右上, 21下

王聿凡 31

邹滔 27

视觉中国 17, 18左, 18右下, 18-19, 20-21, 23下, 26-27, 30左, 33, 80, 95下, 96-97, 99上, 105上, 109下, 134, 140-141, 248-249